応用数学基礎講座 4

岡部靖憲 ● 和達三樹 ● 米谷民明
編集

フーリエ解析

中村 周 著

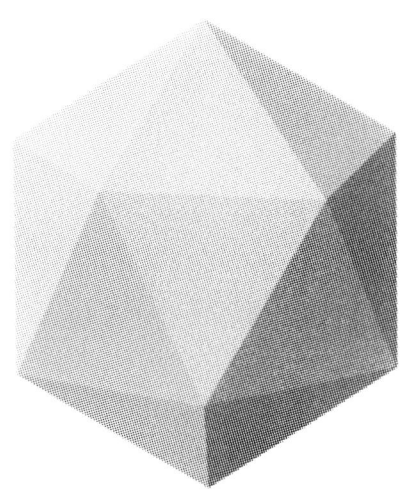

朝倉書店

応用数学基礎講座
刊行の趣旨

　現在，若者の数学離れが問題になっている．多くの原因が考えられるが，数学が嫌いな大人や，数学を利用するあるいは専門とする研究者にも責任があるように思える．数学は本来「実証科学」としての性格をもっていた．自然・社会・工学・経済・生命などにおけるさまざまな現象に素朴な疑問を抱くことが大切である．

　応用数学の目的は，諸現象に付随する専門的な問題，あるいは諸現象に抱く素朴な疑問を解決するだけではない．それを調べるプロセスから新しい問題を自ら探し，そこから数学の応用的な分野においても，さらに数学の理論的な分野においても，新しい研究分野を開拓していくことである．

　その際，「理論」を応用することに重点がある「理論から現象」の順問題としての姿勢と，「現象」を数学的に定式化することに重点がある「現象から理論」の逆問題としての姿勢がある．応用分野の研究者が数学の理論を用いて諸現象の問題・疑問を解決できないあるいは説明できないとき，その理論は単なる数学の理論であると一蹴されることがある．数学者がその批判に答えるには，その研究者の姿勢が上記のどちらにあるにせよ，適用する理論の前提条件を検証するというステップを踏むことが必要である．それが論理の真髄であり，数学の文化であるからである．数学を諸現象の解明に応用する立場からは，単に解決の方法を学ぶだけでなく，現象の背後にある原理自身を数学的にとらえ，定式化することが重要である．その意味で，「現象から理論」・「理論から現象」の両方の姿勢が欠かせない．「実証科学」としての数学は，現象を解決する結果も大切であるが，そこに至るプロセスも同じように大切にしているのである．

　この応用数学基礎講座では，理工系の学生に必要な数学の中核部分を，数学者あるいは数学利用者の立場から丁寧に解説する．「理論が先にあるのではなく，現象が先にあり，現象から理論を学ぶ」という謙虚な姿勢を強調したい．そうしてこそ初めて，実践に裏付けされ生き生きした理論が構築できるだけでなく，未知の現象の解明に繋がる発見と，そこから形あるものの発明あるいは建設ができると考えている．

　この応用数学基礎講座では，理工系の学生が数学の考え方を十分理解して，応用力を身に付けることを第一の目的とする．さらに，数学者が応用分野の研究の大切さを知り，数学利用者が数学の真の文化を知ることができることを願っている．それによって，若者のみならず大人の数学離れが少しでも解消することになれば，この応用数学基礎講座の目的は達成されたことになる．

編集委員

まえがき

　フーリエ解析とは，一言でいえば，関数を三角関数を用いて表現する理論である．フーリエ解析のアイデアは，フーリエにより熱方程式の解法のために導入されて以来，数学の広い領域で基本的な道具として用いられてきた．特に微分方程式を中心とした解析学の諸分野においては，もっとも強力な手法の一つであり，この手法自身を研究対象とするのが調和解析と呼ばれる専門分野である．一方，応用数学としてのフーリエ解析も，微分方程式の解法を越えて大きく広がっている．例えば，量子力学の定式化においては，フーリエ変換はニュートン力学におけるユークリッド空間のような，基本的な概念である．電気工学の信号処理 (アナログ，ディジタル) や，制御理論，情報理論においても基本的な手法であり，「周波数」の概念を用いて理論を構築するにはフーリエ解析は欠かせない．近年の目覚ましい応用例としては，画像や音声の圧縮に用いられる JPEG, MPEG, MP3 などの手法がある．これからの信号処理技術として脚光を浴びているウェーブレットの理論も，フーリエ解析の精密化として捉えることができる．

　本書は，フーリエ解析の，応用に重点をおいた入門書である．予備知識としては，理系の大学教養部で学ぶ解析学，線形代数，そして微分方程式，複素関数論の初等的知識を仮定している．ほとんどの定理には数学的な証明を与えたが，入門段階では技術的に過ぎると感じた事柄については省略した部分もある．より進んで，フーリエ解析を数学的，体系的に学びたい人は，巻末の文献 [8]，[9] などで，ルベーグ積分や関数解析とともに学ぶことが望ましいと思う．そのような場合でも，本書で述べたような，初等的手法による導入や，応用についての知識は無駄にならないと期待している．

筆者は，微分方程式，数理物理の研究をしており，フーリエ解析(調和解析)の専門家ではなく，むしろユーザーである．本書では，自分の研究の上で，あるいは自分が世界を理解する上で有用であると感じている事柄を中心に説明した．結果的には，微分方程式，数理物理，信号処理の話題を取り上げることになった．特に信号処理の話題は，私には新鮮な話題であり，楽しんで書くことができた．しかし，フーリエ解析や信号処理などの専門家の方には，的はずれと思われる点も多々あろうかと思う．ご批判を仰ぎたい．

　第1章においてはフーリエ級数展開の基本的な事柄を述べた．フーリエ級数展開は周期的な関数を三角関数の線形結合で表現する手法である．この章では，基本的な計算方法，有限フーリエ展開との関係，ギッブス現象などについて説明した．第2章では，フーリエ級数と微分，たたみこみなどの演算との関係を調べ，微分方程式や離散時間信号処理への応用を論じた．第3章では1変数のフーリエ変換について説明した．フーリエ変換は，フーリエ級数を周期的とは限らない関数に拡張したものと考えることができる．ここでは基本的な性質について論じた後，簡単な微分方程式への応用や，情報理論のシャノンのサンプリング定理への応用を説明している．第1章から第3章までを通して，フーリエ級数の総和法について少し詳しく述べた．これは信号処理における窓関数の手法と同じであり，応用，理論の並行性をよく示していると思う．

　第4章からは，多変数の理論になる．数学的な理論としては，最初から多変数の理論として記述した方が手っ取り早いのだが，1変数の場合を先に論じた方が理解しやすく，また1変数で興味深い実例も多いので，このような構成とした[*1)]．第4章では多変数のフーリエ変換を説明した．ほとんどの議論は1変数の場合と同様にできるので，記号の説明を中心として簡単に記述した．応用例として，量子力学の定式化についても説明した．第5章，第6章では，シュワルツの超関数 (distribution) について説明した．超関数はそれ自身としても重要で興味深い話題だが，フーリエ変換を論じる場合にはとても有用でもあり，計算を実行する上でも役に立つ．第5章では超関数の基礎的取り扱いを，第6

[*1)] 全体としても「一般から特殊へ」という数学の理論的な枠組みからすれば，本書の構成は逆転している．本来ならば，超関数を最初に説明し，フーリエ変換を導入し，その特別な場合としてフーリエ級数を考えるのが体系的である．実際，文献 [9] ではそうなっている．

章では超関数のフーリエ変換と定数係数の偏微分方程式への応用などについて説明した．

　この本は，東京大学教養学部基礎科学科の3年生向けの半年の講義を基礎にして，信号処理の話題などを加えて再構成した．原稿をチェックしてくださった編集委員の岡部靖憲先生，朝倉書店編集部に感謝したい．

　2003年2月

中 村　　周

目 次

1. **フーリエ級数展開** 1
   - 1.1 導入：周期関数のフーリエ級数展開 1
   - 1.2 三角関数の直交関係とフーリエ係数 3
   - 1.3 複素フーリエ級数 6
   - 1.4 いくつかの実例 7
   - 1.5 フーリエ級数の一様収束 12
   - 1.6 有限フーリエ級数 12
   - 1.7 有限フーリエ級数の連続極限 15
   - 1.8 関数の空間の内積と直交関数系 19
   - 1.9 正規直交基底とフーリエ級数の平均収束 22
   - 1.10 定理 1.3 の証明 26
   - 1.11 ギッブス現象と総和法，または窓関数 29

2. **フーリエ級数の性質と応用** 35
   - 2.1 フーリエ級数と微分 35
   - 2.2 偏微分方程式への応用-1：熱方程式 40
   - 2.3 偏微分方程式への応用-2：ディリクレ問題 48
   - 2.4 積のフーリエ級数展開とたたみこみ 56
   - 2.5 フーリエ級数の総和法・再論 61
   - 2.6 離散フーリエ変換と差分方程式 65
   - 2.7 離散時間信号処理とフィルター 70

3. 1変数のフーリエ変換 ································· 75
3.1 導　　入 ··························· 75
3.2 フーリエ変換の定義 ····················· 77
3.3 基本的な例 ·························· 80
3.4 反 転 公 式 ·························· 84
3.5 内積とプランシェレルの定理 ················ 88
3.6 平行移動，微分とフーリエ変換 ··············· 90
3.7 定理 3.6 の証明とリーマン・ルベーグの定理 ······ 93
3.8 たたみこみとフーリエ変換 ·················· 95
3.9 簡単な偏微分方程式への応用 ················ 102
3.9.1 $\mathbb{R}$ 上の熱方程式 ····················· 102
3.9.2 半平面のディリクレ問題 ··············· 104
3.9.3 波動方程式 ······················· 105
3.10 ポアッソンの和公式とフーリエ級数の総和法・再々論 ··· 107
3.11 シャノンのサンプリング定理 ················· 111

4. 多変数のフーリエ変換 ······················· 114
4.1 ユークリッド空間 $\mathbb{R}^d$ 上の関数のフーリエ変換 ······· 114
4.2 基本的な例 ·························· 116
4.3 多変数のフーリエ変換の基本的性質 ············· 119
4.4 熱方程式への応用 ······················ 125
4.5 量子力学の定式化への応用 ················· 128

5. 超 関 数 ···························· 132
5.1 ディラックのデルタ関数と超関数の定義 ·········· 132
5.2 超関数の例 ·························· 135
5.3 超関数の演算 ························· 137
5.3.1 線 形 演 算 ······················· 137
5.3.2 なめらかな関数との積 ················ 137
5.3.3 微　　分 ························ 138

	5.3.4 変数変換	140
	5.3.5 たたみこみ	143
5.4	超関数の収束	144

6. 超関数のフーリエ変換 ... 150
  6.1 急減少関数とそのフーリエ変換 ... 150
  6.2 緩増加超関数の集合 $\mathcal{S}'(\mathbb{R}^d)$ ... 154
  6.3 $\mathcal{S}'(\mathbb{R}^d)$ でのフーリエ変換 ... 158
  6.4 $\mathcal{S}'(\mathbb{R}^d)$ での演算とフーリエ変換 ... 162
  6.5 周期的な超関数とそのフーリエ変換 ... 165
  6.6 定数係数偏微分作用素の基本解 ... 172
  6.7 発展方程式の基本解 ... 176

参　考　書 ... 182

索　　引 ... 185

1
フーリエ級数展開

　この章においては，フーリエ級数展開の基本的な事柄について学ぶ．フーリエ級数展開の定義，フーリエ係数の計算法，いくつかの基本的な例について見たあと，有限フーリエ級数を定義し，フーリエ級数展開が有限フーリエ級数の極限と見なせることを説明する．その後の部分の主題は，フーリエ級数展開の収束である．関数がある程度なめらかな場合は，有限フーリエ級数の極限であることを用いて，フーリエ級数展開は一様収束することが証明できる．しかし，もっと一般の不連続な関数については，「平均収束」と呼ばれる，弱い意味での収束を証明する．これは，ある意味では「エネルギーに関する」収束と考えてよい．最後に，不連続な関数のフーリエ級数展開の収束の「ギッブス現象」と呼ばれる奇妙な振る舞いについて調べ，それを回避するための「総和法」について説明する[*1)]．

1.1　導入：周期関数のフーリエ級数展開

　実数直線 $\mathbb{R}$ 上の関数 $f(t), (t \in \mathbb{R})$ を考えよう．f が周期 T の周期関数であるとは，すべての $t \in \mathbb{R}$ について[*2)]

$$f(t+T) = f(t)$$

が成り立つことである．つまり，f は T だけの平行移動によって形を変えない関数である．したがって，どのような整数 n を取ってきても

[*1)] これについては，第 2 章，第 3 章でさらに論じる．
[*2)] この本では，実数の集合を $\mathbb{R}$，複素数の集合を $\mathbb{C}$，整数の集合を $\mathbb{Z}$ で表す．

$$f(t+nT) = f(t) \qquad (t \in \mathbb{R})$$

も成り立つ．したがって特に，$f(t)$ の値は，区間 $[0,T]$ 上で与えれば $\mathbb{R}$ 全体で定まることが分かる[*1]．自然界の多くの波動現象は周期関数によって記述される．たとえば，周波数 F の単音の音波を一点で測定すると，得られる信号は周期 $T = 1/F$ の周期関数となる (図 1.1)．

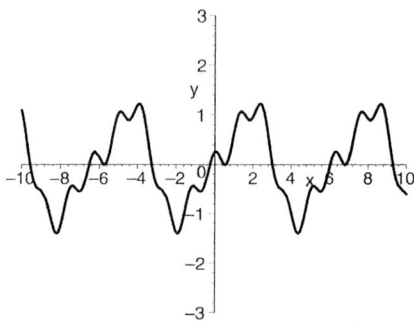

図 1.1　周期関数の例 $(T = 2\pi)$

代表的な周期関数としては，三角関数があげられる．記号を簡単にするため，以降では

$$\omega = \frac{2\pi}{T}$$

と書くことにする．すると，$\sin(\omega t), \cos(\omega t)$ は周期 T の周期関数であることはすぐに分かる．同様に，n を負でない整数とするとき，$\sin(\omega n t), \cos(\omega n t)$ も周期 T の周期関数であることも容易に確かめられる[*2]．周期関数の線形和も周期関数だから，

$$f(t) = c + \sum_{n=1}^{\infty} a[n] \cos(\omega n t) + \sum_{n=1}^{\infty} b[n] \sin(\omega n t) \qquad (1.1)$$

も，収束すれば周期 T の周期関数である．ここで，$c, a[1], a[2], \ldots, b[1], b[2], \ldots$ は定数 (数列) である．この無限級数が，どのようなときに，またどのような意

[*1] この主張は，厳密にいえば，数学的帰納法で証明される．
[*2] 特に $n=0$ とすると定数になる．もちろん定数は周期関数である．

味で収束するかは後で論じる．この表現 (1.1) を f の**フーリエ級数展開**(Fourier series expansion) という．フーリエ級数の理論の中心となる命題は，次の (驚くべき) 主張である．

　　周期 T の すべての 周期関数は (1.1) の形に表現できる．

この章においては，どのような意味でこの命題が成立するかを見ていこう．

1.2　三角関数の直交関係とフーリエ係数

さて，周期 T の周期関数 $f(t)$ が与えられ，(1.1) の形に表現されているとする．このとき，展開の係数 $c, a[1], a[2], \ldots, b[1], b[2], \ldots$ を**フーリエ係数**(Fourier coefficients) と呼ぶ．f のフーリエ級数展開を得るためには，フーリエ係数を計算する必要がある．この節では，この問題の答えを与える．この計算には，次の公式を用いる．

定理 1.1 (三角関数の直交関係). n, m を正の整数とすると

$$\frac{2}{T}\int_0^T \cos(\omega n t)\cos(\omega m t) dt = \delta[n-m], \tag{1.2}$$

$$\frac{2}{T}\int_0^T \sin(\omega n t)\sin(\omega m t) dt = \delta[n-m], \tag{1.3}$$

$$\frac{2}{T}\int_0^T \sin(\omega n t)\cos(\omega m t) dt = 0, \tag{1.4}$$

$$\frac{2}{T}\int_0^T \cos(\omega n t) dt = \frac{2}{T}\int_0^T \sin(\omega n t) dt = 0. \tag{1.5}$$

ただし，$\delta[n]$ は**クロネッカーのデルタ記号**(Kronekker's delta symbol) で

$$\delta[n] = \begin{cases} 1 & (n=0 \text{ のとき}), \\ 0 & (\text{それ以外}) \end{cases}$$

で定義される．

証明．最初の式だけ示して，他は読者の演習としよう．三角関数の積和の公式から

$$\cos(\omega nt)\cos(\omega mt) = \frac{1}{2}\bigl(\cos(\omega nt + \omega mt) + \cos(\omega nt - m\omega t)\bigr).$$

一方，任意の 0 でない整数 k に関して

$$\frac{1}{T}\int_0^T \cos(\omega kt)dt = \Bigl[\frac{\sin(\omega kt)}{2\pi k}\Bigr]_0^T = 0$$

なので

$$\frac{2}{T}\int_0^T \cos(\omega nt)\cos(\omega mt)dt = \frac{1}{T}\int_0^T \cos(\omega(n-m)t)dt.$$

この右辺は，$n \neq m$ のときは 0 になる．$n = m$ のときは，定数 1 の積分だから，右辺は 1 になる．これで式 (1.2) は示された． □

積分と無限級数の和の順序交換ができると仮定して，フーリエ級数展開の式からフーリエ係数を求めてみよう．まず，式 (1.1) を 0 から T まで積分すると，(1.5) より

$$\frac{1}{T}\int_0^T f(t) = \frac{1}{T}\int_0^T c\,dt = c.$$

また，$\cos(\omega mt)$ をかけて積分すると，(1.2), (1.4), (1.5) を用いて

$$\frac{2}{T}\int_0^T f(t)\cos(\omega mt)dt = \sum_{n=1}^\infty \frac{2}{T}\int_0^T a[n]\cos(\omega nt)\cos(\omega mt)dt$$
$$= \sum_{n=1}^\infty a[n]\delta[n-m] = a[m]$$

となる．同様に，(1.3), (1.4), (1.5) を用いて

$$\frac{2}{T}\int_0^T f(t)\sin(\omega mt)dt = \sum_{n=1}^\infty b[n]\delta[n-m] = b[m]$$

が得られる．記号を簡単にするために

$$a[0] = 2c$$

と書くことにすれば，以上の計算から次の公式が得られる[*1)]．

[*1)] ここでは，積分と無限和の順序交換を仮定しているので，残念ながら「定理」ではない．

公式 1.2. 周期 T の周期関数 $f(t)$ が

$$f(t) = \frac{a[0]}{2} + \sum_{n=1}^{\infty} a[n]\cos(\omega nt) + \sum_{n=1}^{\infty} b[n]\sin(\omega nt) \qquad (1.6)$$

と表されるならば，フーリエ係数は

$$a[n] = \frac{2}{T}\int_0^T f(t)\cos(\omega nt)dt \qquad (n = 0, 1, 2, \dots), \qquad (1.7)$$

$$b[n] = \frac{2}{T}\int_0^T f(t)\sin(\omega nt)dt \qquad (n = 1, 2, \dots) \qquad (1.8)$$

で与えられる．

この公式は，f と $\cos(\omega nt), \sin(\omega nt)$ の周期性に注意すれば，積分区間を変更して，次のように書くこともできる．

$$a[n] = \frac{2}{T}\int_{-T/2}^{T/2} f(t)\cos(\omega nt)dt \qquad (n = 0, 1, 2, \dots), \qquad (1.9)$$

$$b[n] = \frac{2}{T}\int_{-T/2}^{T/2} f(t)\sin(\omega nt)dt \qquad (n = 1, 2, \dots). \qquad (1.10)$$

もし f が偶関数ならば，$f(t)\sin(\omega nt)$ は奇関数だから，すべての n について $b[n] = 0$ であることが，上の表現から分かる．このとき，

$$f(t) = \frac{a[0]}{2} + \sum_{n=1}^{\infty} a[n]\cos(\omega nt)$$

と書け，f は**余弦フーリエ展開**(cosine Fourier series expansion) を持つ，といわれる．同様に，もし f が奇関数ならば，すべての n について $a[n] = 0$ が成り立ち

$$f(t) = \sum_{n=1}^{\infty} b[n]\sin(\omega nt)$$

と書ける．このとき，f は**正弦フーリエ展開**(sine Fourier series expansion) を持つ，といわれる．

1.3 複素フーリエ級数

今までは,周期関数を $\sin(\omega nt)$ と $\cos(\omega nt)$ を用いて表すことを考えてきた.一方,オイラーの公式:

$$\cos\theta = \frac{1}{2}\bigl(e^{i\theta} + e^{-i\theta}\bigr), \qquad \sin\theta = \frac{1}{2i}\bigl(e^{i\theta} - e^{-i\theta}\bigr),$$

あるいは

$$e^{i\theta} = \cos\theta + i\sin\theta$$

を用いれば,虚数べきの指数関数 $e^{i\omega nt}$ を用いて f を展開することも可能である.ここで虚数単位を $i = \sqrt{-1}$ と書いた[*1].フーリエ級数展開 (1.6) を,オイラーの公式を用いて書き換えれば

$$\begin{aligned}f(t) &= \frac{a[0]}{2} + \sum_{n=1}^{\infty} \frac{a[n]}{2}\bigl(e^{i\omega nt} + e^{-i\omega nt}\bigr) + \sum_{n=1}^{\infty} \frac{b[n]}{2i}\bigl(e^{i\omega nt} - e^{-i\omega nt}\bigr) \\ &= \frac{a[0]}{2} + \sum_{n=1}^{\infty} \Bigl(\frac{a[n]}{2} + \frac{b[n]}{2i}\Bigr)e^{i\omega nt} + \sum_{n=1}^{\infty} \Bigl(\frac{a[n]}{2} - \frac{b[n]}{2i}\Bigr)e^{-i\omega nt}\end{aligned}$$

となる.そこで

$$c[n] = \begin{cases} a[0] & (n = 0 \text{ のとき}), \\ (a[n] - ib[n])/2 & (n > 0 \text{ のとき}), \\ (a[n] + ib[n])/2 & (n < 0 \text{ のとき}) \end{cases}$$

と書くことにすれば

$$f(t) = \sum_{n=-\infty}^{\infty} c[n] e^{i\omega nt} \qquad (1.11)$$

という,簡単で便利な形に書くことができる.これを**複素フーリエ級数展開**(complex Fourier series expansion) という.公式 1.2 を用いて計算すると

[*1] 電気工学等で一般的に用いられる $j = \sqrt{-1}$ という記法は用いない. j は単なるインデックス(離散的な変数)として用いる.

$$c[n] = \frac{1}{T}\int_0^T f(t)e^{-i\omega nt}dt \qquad (n \in \mathbb{Z})$$

が確かめられる．しかし，この公式は直接計算した方が簡単なので，計算してみよう．式 (1.11) が成立しているとして，前と同様に無限和と積分の順序交換ができると仮定する．すると

$$\frac{1}{T}\int_0^T f(t)e^{-i\omega nt}dt = \sum_{m=-\infty}^{\infty} \frac{1}{T}\int_0^T c[m]e^{i\omega mt}e^{-i\omega nt}dt$$
$$= \sum_{m=-\infty}^{\infty} c[m]\frac{1}{T}\int_0^T e^{i\omega(m-n)t}dt.$$

ここで，$k \neq 0$ ならば

$$\frac{1}{T}\int_0^T e^{i\omega kt}dt = \left[\frac{e^{i\omega kt}}{2\pi ik}\right]_0^T = 0$$

なので，最後の式の和は，$n = m$ の項以外は 0 になる．したがって

$$\frac{1}{T}\int_0^T f(t)e^{-i\omega nt}dt = c[n]\frac{1}{T}\int_0^T dt = c[n]$$

が得られる．

このように，複素フーリエ級数を用いると，多くの理論的な計算が簡単になる．そこで，以降では主に複素フーリエ級数を用いて議論をする[*1)]．ただし，実例については，普通の三角関数を用いた方が見やすい場合が多いので，どちらの表現も用いることにする．

1.4　いくつかの実例

理論の説明に入る前に，ここでフーリエ級数展開の実例をいくつか見ておこう．

例 1.1 (三角多項式). $\sin(\omega t), \cos(\omega t)$ を成分とする多項式を，三角多項式という．例えば

[*1)] もちろん，理論的にはどちらで表現しても同等である．

$$f_1(t) = (\cos(\omega t))^3$$

を考えてみよう．オイラーの公式により

$$f_1(t) = \frac{1}{8}\bigl(e^{i\omega t} + e^{-i\omega t}\bigr)^3$$
$$= \frac{1}{8}\bigl(e^{i3\omega t} + 3e^{i\omega t} + 3e^{-i\omega t} + e^{-i3\omega t}\bigr)$$
$$= \frac{3}{4}\cos(\omega t) + \frac{1}{4}\cos(3\omega t)$$

と書ける．これは，$(\cos\omega t)^3$ のフーリエ級数展開を与えている．

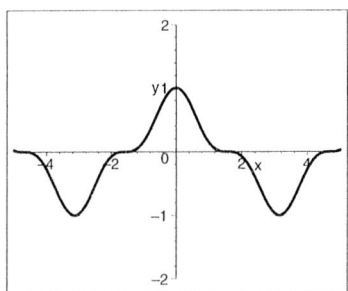

= 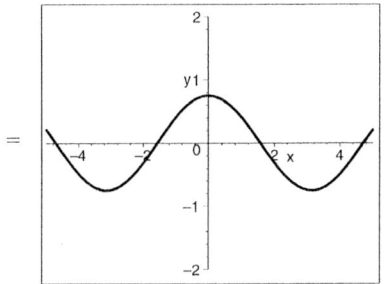 +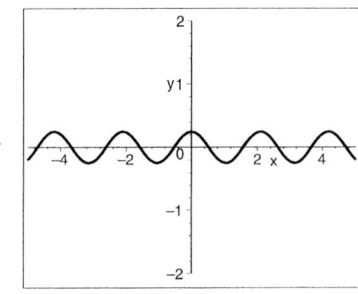

図 1.2 $(\cos t)^3$ のフーリエ級数展開

一般に，三角多項式 $f(t)$ はオイラーの公式を用いて $e^{i\omega t}$ と $e^{-i\omega t}$ の多項式に書き換えられる．$(e^{i\omega t})^n = e^{i\omega n t}$ だから，$f(t)$ は有限項からなるフーリエ級数：

$$f(t) = \sum_{n=-N}^{N} c[n] e^{i\omega n t}$$

の形に書ける．もちろん，もう一度オイラーの公式を用いて $\sin(\omega n t), \cos(\omega n t)$

を用いたフーリエ級数展開に書き直すこともできる.

例 1.2 (三角波). $f(t)$ を $|t| \leq T/2$ では

$$f_2(t) = |t|,$$

それ以外では周期的に拡張された周期 T の連続な周期関数とする. これは三角波と呼ばれる. この関数のフーリエ級数展開を計算してみよう. $f_2(t)$ は偶関数なので, 余弦フーリエ級数展開を持つ. そこで, $a[n]$ を計算することにする.

$$\begin{aligned} a[n] &= \frac{2}{T} \int_0^T f_2(t) \cos(\omega nt) dt \\ &= \frac{2}{T} \int_{-T/2}^{T/2} |t| \cos(\omega nt) dt \\ &= \frac{4}{T} \int_0^{T/2} t \cos(\omega nt) dt. \end{aligned}$$

ここで, $f(t)$ の周期性と, 偶関数であることを用いた. $n = 0$ のときは

$$a[0] = \frac{4}{T} \int_0^{T/2} t dt = \frac{4}{T} \left[\frac{t^2}{2} \right]_0^{T/2} = \frac{T}{2}.$$

$n \neq 0$ のときは, 部分積分を用いて

$$\begin{aligned} a[n] &= \frac{4}{T} \left[\frac{t \sin(\omega nt)}{n\omega} \right]_0^{T/2} - \frac{4}{T} \int_0^{T/2} \frac{\sin(\omega nt)}{n\omega} dt \\ &= \frac{4}{T} \left[\frac{\cos(\omega nt)}{n^2 \omega^2} \right]_0^{T/2} = \frac{-4}{2\pi \omega n^2} \left(1 - (-1)^n \right) \\ &= \begin{cases} 0 & (n \text{ が偶数のとき}), \\ \dfrac{-4}{\pi \omega n^2} & (n \text{ が奇数のとき}) \end{cases} \end{aligned}$$

となる. つまり, f のフーリエ級数展開は

$$\begin{aligned} f_2(t) &= \frac{T}{4} - \frac{4}{\pi \omega} \sum_{m=0}^{\infty} \frac{1}{(2m+1)^2} \cos(\omega(2m+1)t) \\ &= \frac{T}{4} - \frac{4}{\pi \omega} \cos(\omega t) - \frac{4}{9\pi \omega} \cos(3\omega t) - \frac{4}{25 \pi \omega} \cos(5\omega t) - \cdots \end{aligned}$$

となる．f とこのフーリエ級数を比べてみよう．フーリエ級数展開の第 N 項までの和を取ったものを，フーリエ部分和といい

$$S_N(t) = \sum_{n=-N}^{N} c[n]e^{i\omega n t}$$

と書く．図 1.3 を見ると，第 3 項まで取った $S_3(t)$ がすでに $f_2(t)$ にかなり近いことが見て取れる．これ以上 N を大きくすると，頂点の付近以外はほとんどグラフが重なってしまい，違いを目で見るのは難しい．

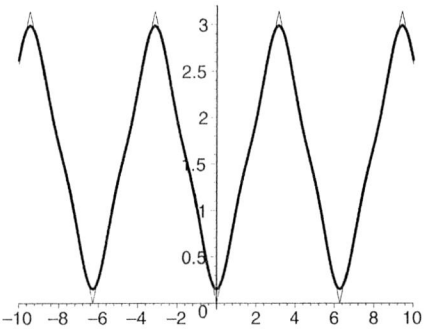

図 1.3 三角波 (細線) とフーリエ級数の部分和 $S_3(t)$(太線). ただし $T = 2\pi$.

例 1.3.

$$f_3(t) = \frac{1}{\frac{5}{4} + \cos \omega t}$$

とおこう．留数定理を用いて $f_3(t)$ のフーリエ係数を計算する．複素フーリエ級数で考えた方が考えやすい．$n \geq 0$ として

$$\begin{aligned} c[-n] &= \frac{1}{T} \int_0^T \frac{e^{i\omega n t}}{\frac{5}{4} + \cos \omega t} dt \\ &= \frac{2}{T} \int_0^T \frac{e^{i\omega n t}}{\frac{5}{2} + e^{i\omega t} + e^{-i\omega t}} dt \end{aligned}$$

である．$z = e^{i\omega t}$ と書けば，$dz = i\omega e^{i\omega t} dt = i\omega z dt$ であり，t が 0 から T まで動くとき z は単位円周を正の向きに一周する．したがって，単位円周を γ と

書くことにすれば
$$c[-n] = \frac{2}{T}\oint_\gamma \frac{z^n}{\frac{5}{2}+z+z^{-1}} \cdot \frac{dz}{i\omega z}$$
$$= \frac{1}{i\pi}\oint_\gamma \frac{z^n}{z^2+\frac{5}{2}z+1}dz.$$

ただし,最後の等式では $\omega T = 2\pi$ を用いた. $z^2+\frac{5}{2}z+1 = (z+\frac{1}{2})(z+2)$ なので,単位円周内の極は $z = -\frac{1}{2}$ だけである.そこで留数を計算すると
$$c[-n] = \frac{1}{i\pi}\cdot 2\pi i\,\mathrm{Res}\Big(\frac{z^n}{z^2+\frac{5}{2}z+1}, -\frac{1}{2}\Big) = \frac{4}{3}(-2)^{-n}$$

を得る.複素共役を取ることにより,$c[n] = \overline{c[-n]}$ も分かり,フーリエ係数はすべて求められた.したがって

$$f_3(t) = c[0] + \sum_{n=1}^\infty c[n]\big(e^{i\omega nt}+e^{-i\omega nt}\big)$$
$$= \frac{4}{3} + \frac{8}{3}\sum_{n=1}^\infty (-2)^{-n}\cos(\omega nt)$$
$$= \frac{4}{3} - \frac{4}{3}\cos(\omega t) + \frac{2}{3}\cos(2\omega t) - \frac{1}{3}\cos(3\omega t) + \cdots$$

がフーリエ級数展開である (図 1.4).

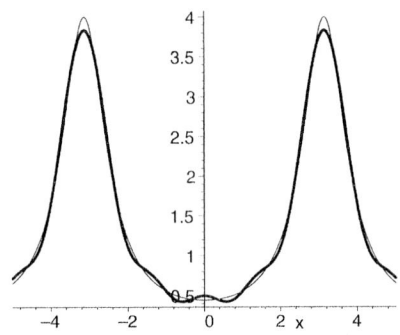

図 1.4　$f_3(t)$(細線) とフーリエ級数の部分和 $S_4(t)$(太線). ただし $T = 2\pi$.

1.5 フーリエ級数の一様収束

前節の例から想像されるように，<u>よい</u>周期関数 $f(t)$ のフーリエ級数展開は，各 t ごとに $f(t)$ に収束する．実際，実用上用いられるほとんどの<u>連続な</u>周期関数のフーリエ級数はもとの関数に収束する．しかし，奇妙な例を考えると，連続でありながらフーリエ級数が収束しない点を持つ場合がある．このような，フーリエ級数の収束の問題は，数学的には興味深く奥の深い問題なのだが，ここでは深入りせず，一つだけ (実用上，十分と思われる) 定理を紹介しておこう．

$\mathbb{R}$ 上の関数 $f(t)$ が**リプシッツ連続**(Lipshitz continuous) であるとは，ある定数 $C > 0$ が存在して，任意の $t, s \in \mathbb{R}$ について

$$|f(t) - f(s)| \leq C|t - s|$$

が成り立つことである．前節の例は，いずれもリプシッツ連続な周期関数である．

定理 1.3. $f(t)$ がリプシッツ連続な周期関数ならば，$f(t)$ のフーリエ級数展開は $f(t)$ に一様収束する．

この定理の証明は，後に回そう．

1.6 有限フーリエ級数

フーリエ級数の理論の美しい点の一つは，幾何学的な構造を持つことにある．すなわち，フーリエ級数展開とは，「関数のなす線形空間」のベクトルの，基底による直交分解である，と考えることができる．この考え方を完全に述べるには関数解析の理論 (ヒルベルト空間論) の言葉を用いる必要がありこの本の範囲を越える．しかし，主要なアイデアの多くは以下の節で説明される．

幾何学的な取り扱いの導入として，この節では有限フーリエ級数について考えよう．有限フーリエ級数は実用上もそれ自体重要であり[*1]，また定理 1.3 の

[*1] 実際，数値計算できるのは有限フーリエ級数だけである．

1.6 有限フーリエ級数

証明にも用いる．

最初に，線形代数の復習をしておこう．N 次元の複素線形空間 $X = \mathbb{C}^N$ を考える．X の元を

$$u = (u[0], u[1], u[2], \ldots, u[N-1]) \in X$$

と書こう[*1]．X のエルミート内積は

$$\langle u, v \rangle = \sum_{n=0}^{N-1} u[n] \overline{v[n]} \qquad (u, v \in X)$$

で定義される．ベクトル $u \in X$ の長さは，$|u| = \sqrt{\langle u, u \rangle}$ で与えられる．X のベクトルの集合 $\{u_0, u_1, \ldots, u_{M-1}\}$ が正規直交系であるとは

$$\langle u_n, u_m \rangle = \delta[n-m] \qquad (n, m = 0, 1, \ldots, M-1)$$

が成立することである．正規直交系は一次独立であり，その個数 M が X の次元 N を越えることはない．正規直交系 $\{u_0, u_1, \ldots, u_{N-1}\}$ の個数が $N = \dim X$ と一致するとき，これは X の基底となり，正規直交基底と呼ばれる．このとき，X の任意の元 u は

$$u = \sum_{n=0}^{N-1} \langle u, u_n \rangle u_n$$

と直交分解される．$\langle u, u_n \rangle$ は，u の，この基底に関する座標成分である．$\mathbb{C}^N$ の標準的な基底

$$\mathbf{e}_n[k] = \delta[k-n] \qquad (n, k = 0, 1, \ldots, N-1)$$

はもちろん正規直交基底である．

有限フーリエ級数の定義に用いられる正規直交基底は

$$\varphi_n[k] = \frac{1}{\sqrt{N}} \exp(i\alpha nk) \qquad (n, k = 0, 1, \ldots, N-1)$$

で定義される．ここで

$$\alpha = \frac{2\pi}{N}$$

とおいた．

[*1] インデックス (添え字) を $0, 1, \ldots, N-1$ とすると便利である．

命題 1.4. $\{\varphi_0, \varphi_1, \ldots, \varphi_{N-1}\}$ は $X = \mathbb{C}^N$ の正規直交基底である．

*証明．*最初に

$$|\varphi_n|^2 = \langle \varphi_n, \varphi_n \rangle = \frac{1}{N} \sum_{k=0}^{N-1} |e^{i\alpha nk}|^2 = 1$$

だから，各 φ_n の長さは 1 である．$n \neq m$ のときは

$$\langle \varphi_n, \varphi_m \rangle = \frac{1}{N} \sum_{k=0}^{N-1} e^{i\alpha nk} e^{-i\alpha mk}$$

$$= \frac{1}{N} \cdot \frac{1 - e^{i\alpha(n-m)N}}{1 - e^{i\alpha(n-m)}} = 0.$$

ここで，等比級数の和の公式と，$\alpha N = 2\pi$ を用いた． □

したがって，X の元 u に対して

$$\hat{u}[n] = \langle u, \varphi_n \rangle = \frac{1}{\sqrt{N}} \sum_{k=0}^{N-1} u[k] e^{-i\alpha nk} \quad (n = 0, 1, \ldots, N-1) \quad (1.12)$$

とおけば

$$u[k] = \sum_{n=0}^{N-1} \hat{u}[n] \varphi_n[k] = \frac{1}{\sqrt{N}} \sum_{n=0}^{N-1} \hat{u}[n] e^{i\alpha nk} \quad (k = 0, 1, \ldots, N-1)$$
$$(1.13)$$

と u は直交展開される．この展開を **有限フーリエ級数展開**(finite Fourier series expansion) と呼ぶ．また，$u \in X$ から $\hat{u} \in X$ への変換 (1.12) を **有限フーリエ変換**(finite Fourier transform)，$\hat{u}$ から u への変換 (1.13) を **逆有限フーリエ変換**(inverse finite Fourier transform) と呼ぶ[*1]．この名前は，いうまでもなく，フーリエ級数展開との類似から来ている．見比べれば，両者はほとんど同じ形をしていることに気づくだろう．有限フーリエ変換と，逆有限フーリエ変換は，複素共役を除いて全く同じ形をしていることにも注意してほしい．有限フーリエ変換，逆有限フーリエ変換は，どちらもユニタリーな線形変換である[*2]．つ

[*1] 有限フーリエ変換を離散フーリエ変換と呼ぶことも多いが，この本では，2.6 説で定義される変換を離散フーリエ変換と呼ぶことにする．

[*2] これらが線形変換であることは，定義から明らかだろう．

まり
$$|u| = |\hat{u}| \tag{1.14}$$
がすべての $u \in X$ について成り立つ．これは，$\{\varphi_n\}$ が正規直交基底であることから直ちにしたがう．念のため，確かめておこう．$u, v \in X$ のとき，u と v の内積に u と v の有限フーリエ級数展開を代入すると

$$\begin{aligned}\langle u, v \rangle &= \sum_{n=0}^{N-1}\sum_{m=0}^{N-1} \langle \hat{u}[n]\varphi_n, \hat{v}[m]\varphi_m \rangle \\ &= \sum_{n=0}^{N-1}\sum_{m=0}^{N-1} \hat{u}[n]\overline{\hat{v}[m]}\delta[n-m] \\ &= \sum_{n=0}^{N-1} \hat{u}[n]\overline{\hat{v}[n]} = \langle \hat{u}, \hat{v} \rangle.\end{aligned}$$

すなわち
$$\langle u, v \rangle = \langle \hat{u}, \hat{v} \rangle \tag{1.15}$$
が示された．ここで，$u = v$ とおけば，公式 (1.14) がしたがう．

1.7 有限フーリエ級数の連続極限

この節では，有限フーリエ級数と周期関数についてのフーリエ級数展開の関係を調べてみよう．$f(t)$ を周期 T の連続な周期関数とする．f は，区間 $I = [0, T]$ 上の関数で $f(0) = f(T)$ を満たすものと考えてよい．$N \geq 1$ として，I を N 等分する点列を考える．つまり

$$t_0 = 0,\ t_1 = \frac{1}{N}T,\ t_2 = \frac{2}{N}T,\ \ldots,\ t_{N-1} = \frac{N-1}{N}T,\ t_N = T$$

とおく．f の $t = t_k$ における値を $u[k] = f(t_k)$ とおき，$u[k]$ の有限フーリエ級数展開を考える．すると，前節の結果から

$$\begin{aligned}f(t_k) = u[k] &= \frac{1}{N}\sum_{n=0}^{N-1}\Big(\sum_{m=0}^{N-1} u[m]e^{-i\alpha mn}\Big)e^{i\alpha nk} \\ &= \sum_{n=0}^{N-1}\Big(\frac{1}{N}\sum_{m=0}^{N-1} f\Big(\frac{m}{N}T\Big)e^{-i2\pi(m/N)n}\Big)e^{i2\pi n(k/N)}\end{aligned}$$

が導かれる．n に関する和を $0 \leq n < N/2$ と $N/2 \leq n < N$ に分け，後半については $n' = n - N$ として

$$e^{-2\pi(m/N)n} = e^{-i2\pi(m/N)n'}, \quad e^{i2\pi n(k/N)} = e^{i2\pi n'(k/N)}$$

を用いて書き換える．すると，n' は $-N/2 \leq n' < 0$ の範囲を動くので

$$f(t_k) = \sum_{-\frac{N}{2} \leq n < \frac{N}{2}} \left(\frac{1}{N} \sum_{m=0}^{N-1} f\left(\frac{m}{N}T\right) e^{-i2\pi(m/N)n} \right) e^{i\omega n t_k}$$

が得られる．ただし，$2\pi n(k/N) = \omega n t_k$ を用いた．ここで，右辺の $(\cdots)$ の中を考えると，積分の定義より，

$$\lim_{N \to \infty} \frac{1}{N} \sum_{m=0}^{N-1} f\left(\frac{m}{N}T\right) e^{-i2\pi(m/N)n} = \int_0^1 f(sT) e^{-i2\pi s n} ds$$
$$= \frac{1}{T} \int_0^T f(t) e^{-i\omega n t} dt = c[n]$$

が分かる．ここで，$t = sT$ と変数変換をして，$\omega = 2\pi/T$ を用いた．$t \in [0, T]$ を止めて，$N \to \infty$ のとき $t_k \to t$ となるように N ごとに t_k を選ぶ．すると，極限と無限級数の和の交換ができると仮定して形式的な計算を行えば

$$f(t) = \lim_{N \to \infty} f(t_k) = \sum_{n=-\infty}^{\infty} c[n] e^{i\omega n t}$$

が導かれる．つまり，フーリエ級数展開の公式が (厳密ではないが) 示された．もう少し工夫をすると，この議論は正当化できて，定理 1.3 の証明ができる．その前に，もう少し形式的な計算を進めてみよう．公式 (1.14) を $u[k] = f(t_k)$ の場合に当てはめてみると

$$\sum_{k=0}^{N-1} \left| f\left(\frac{k}{N}T\right) \right|^2 = \sum_{n=0}^{N-1} \left| \frac{1}{\sqrt{N}} \sum_{m=0}^{N-1} f\left(\frac{m}{N}T\right) e^{-i\alpha n m} \right|^2.$$

そこで，両辺を N で割って，n に関して上と同様の変形をすると

$$\frac{1}{N} \sum_{k=0}^{N-1} \left| f\left(\frac{k}{N}T\right) \right|^2 = \sum_{-\frac{N}{2} \leq n < \frac{N}{2}} \left| \frac{1}{N} \sum_{m=0}^{N-1} f\left(\frac{m}{N}T\right) e^{-i\alpha n m} \right|^2$$

が得られる．$N \to \infty$ のとき k と m に関する和は積分になって

$$\int_0^1 |f(sT)|^2 ds = \sum_{n=-\infty}^{\infty} \left| \int_0^1 f(sT) e^{-i2\pi sn} ds \right|^2,$$

したがって

$$\frac{1}{T} \int_0^T |f(t)|^2 dt = \sum_{n=-\infty}^{\infty} |c[n]|^2$$

が (形式的には) 得られる．これを**パーセバルの等式**という．これについては，異なる方法でもう一度 (厳密に) 証明する．

さて，有限フーリエ級数の極限としてもとの関数が得られることを証明しておこう．これは，フーリエ級数の収束とは少しちがう主張だが，これを用いて，後の節ではフーリエ級数の収束を証明する[*1)]．

定理 1.5. $f(t)$ を周期 T のリプシッツ連続な周期関数とする．$N \geq 1$ に対して，

$$c_N[n] = \frac{1}{N} \sum_{m=0}^{N-1} f\left(\frac{m}{N}T\right) e^{-i2\pi(m/N)n} \qquad (n \in \mathbb{Z})$$

とおき，

$$f_N(t) = \sum_{-\frac{N}{2} \leq n < \frac{N}{2}} c_N[n] e^{i\omega nt} \qquad (t \in \mathbb{R})$$

と定義する．すると，$N \to \infty$ のとき，$f_N(t)$ は $f(t)$ に一様に収束する．

注意 1.1. すでに見たように，$f(t_k) = f_N(t_k)$ $(k = 0, 2, \ldots, N)$ である．つまり，f_N は $f(t_k)$ の値を与えたときの，三角関数による補間関数と考えることができる．定理の主張は，この補間関数がもとの関数の一様な近似を与えていることを保証している．

証明． まず

$$d_N[n] = \frac{1}{N} \sum_{m=0}^{N-1} \Big(f\left(\frac{m}{N}T\right) - f\left(\frac{m-1}{N}T\right)\Big) e^{-i2\pi(m/N)n}$$

[*1)] やや技術的なので，証明に関心のない読者は飛ばしても構わない．

とおく。$\{d_N[n]\}$ は $f(t_n) - f(t_n - (1/N))$ の有限フーリエ変換の $1/\sqrt{N}$ 倍である。リプシッツ連続性の仮定より、ある $C > 0$ が存在して

$$\left| f\left(\frac{m}{N}T\right) - f\left(\frac{m-1}{N}T\right) \right| \leq \frac{C}{N} \qquad (m \in \mathbb{Z})$$

が成り立つ。したがって、有限フーリエ変換の等長性 (1.14) より

$$N \times \sum_{k=0}^{N-1} |d_N[k]|^2 \leq \sum_{m=0}^{N-1} \left|\frac{C}{N}\right|^2 = \frac{C^2}{N},$$

すなわち

$$\sum_{k=0}^{N-1} |d_N[k]|^2 \leq \frac{C^2}{N^2}$$

がしたがう。一方、$d_N[k]$ の定義より

$$d_N[k] = (1 - e^{i2\pi(k/N)}) \cdot c_N[k] = 2i e^{i\pi(k/N)} \sin(\pi k/N) \cdot c_N[k],$$

したがって

$$|\sin(\theta)| \geq \frac{2}{\pi}|\theta| \qquad (|\theta| \leq \pi/2) \tag{1.16}$$

を用いれば

$$|d_N[k]| \geq \frac{4|k|}{N}|c_N[k]| \qquad \left(-\frac{N}{2} \leq k < \frac{N}{2}\right)$$

がしたがう。$d_N[k]$ が周期 N を持つことに注意して、これらを組み合わせると

$$\sum_{-\frac{N}{2} \leq k < \frac{N}{2}} |k|^2 |c_N[k]|^2 \leq \frac{C^2}{16}$$

が導かれる。そこで

$$f'_N(t) = \sum_n i\omega n c_N[n] e^{i\omega n t}$$

の絶対値を考えると、$|n| \leq \sqrt{N}\sqrt{|n|}$ と分解して

$$|f'_N(t)| \leq \omega\sqrt{N} \sum_n \sqrt{|n|} \cdot |c_N[n]|$$

$$\leq \omega\sqrt{N} \left(\sum_n |c_N[n]|^2\right)^{1/2} \left(\sum_n |n|^2 |c_N[n]|^2\right)^{1/2}$$

$$\leq \sqrt{N} C' \qquad (C' はある定数) \tag{1.17}$$

が得られる．ここで，第 2 の不等式ではシュワルツの不等式: $|u \cdot v| \leq |u| \, |v|$，第 3 の不等式では $\sum_n |c_N[n]|^2$ が有限なことを用いた．

さて，任意の $t \in [0,T]$ に対して，$|t-t_k| \leq 1/(2N)$ であるような $t_k = (k/N)T$ が存在する．$f(t_k) = f_N(t_k)$ に注意して

$$f(t) - f_N(t) = (f(t) - f(t_k)) + (f(t_k) - f_N(t_k)) + (f_N(t_k) - f_N(t))$$
$$= (f(t) - f(t_k)) + (f_N(t_k) - f_N(t))$$

と分解して考える．$f(t)$ のリプシッツ連続性と，f_N' の微分の評価 (1.17) から

$$|f(t) - f_N(t)| \leq C|t - t_k| + C'\sqrt{N}|t - t_k| = O(1/\sqrt{N})$$

が得られる．つまり，$N \to \infty$ のとき $f_N(t)$ が $f(t)$ に一様収束することが示された． □

1.8 関数の空間の内積と直交関数系

前節では，フーリエ級数展開が有限フーリエ級数展開の極限と考えられることを見た．有限フーリエ級数展開とは，実は $\mathbb{C}^N$ の正規直交基底によるベクトルの直交分解であった．フーリエ級数展開は，それ自身が正規直交基底による展開と考えられることをここでは見てみよう．

f, g を周期 T の有界な周期関数で，$[0,T]$ 上で積分可能とする[*1]．そのような関数全体の集合を X としよう．このとき，f と g の**内積**を

$$\langle f, g \rangle = \frac{1}{T} \int_0^T f(t) \overline{g(t)} dt$$

で定義する．この内積は，次のような性質を満たす: $f, g, h \in X$, $a, b \in \mathbb{C}$ とするとき

[*1] もっと一般に，ルベーグ積分の意味で可測で，$\int_0^T |f(t)|^2 dt$, $\int_0^T |g(t)|^2 dt$ が有限なものとしてもよい．

$$\langle af+bg, h\rangle = a\langle f, h\rangle + b\langle g, h\rangle,$$
$$\langle f, ag+bh\rangle = \overline{a}\langle f, g\rangle + \overline{b}\langle g, h\rangle,$$
$$\langle f, g\rangle = \overline{\langle g, h\rangle}.$$

また, $f \in X$ に対して

$$\|f\| = \sqrt{\langle f, f\rangle} = \left(\frac{1}{T}\int_0^T |f(t)|^2 dt\right)^{1/2} \geq 0$$

を f のノルム(または L^2-ノルム) という. ノルムとは f のベクトルとしての長さと考えてよい. $\|f\| = 0$ であれば, f は, ほとんど至るところで 0 の関数であり, 実際上 0 と見なしても構わない. つまり, $\|f\| = 0 \Leftrightarrow f = 0$ と考えてよい. つぎに, シュワルツの不等式と三角不等式を示しておこう. $f, g \in X$ とする. 任意の $z \in \mathbb{C}$ に対して

$$0 \leq \|f+zg\|^2 = \langle f, f\rangle + \langle f, zg\rangle + \langle zg, f\rangle + \langle zg, zg\rangle$$
$$= \|f\|^2 + \overline{z}\langle f, g\rangle + z\langle g, f\rangle + |z|^2\|g\|^2$$

が成り立つ. $g \neq 0$ と仮定して $z = -\langle f, g\rangle/\|g\|^2$ とおけば

$$0 \leq \|f\|^2 - 2\frac{|\langle f, g\rangle|^2}{\|g\|^2} + \frac{|\langle f, g\rangle|^2}{\|g\|^2} = \|f\|^2 - \frac{|\langle f, g\rangle|^2}{\|g\|^2},$$

したがって

$$|\langle f, g\rangle| \leq \|f\|\|g\| \tag{1.18}$$

が得られる. これが, 関数空間の内積に関するシュワルツの不等式(the Schwarz inequality) である[*1]. これを用いると

$$\|f+g\|^2 = \langle f+g, f+g\rangle$$
$$= \|f\|^2 + \langle f, g\rangle + \langle g, f\rangle + \|g\|^2 \leq (\|f\| + \|g\|)^2$$

が導かれる. つまり, ノルムに関する三角不等式(the triangle inequality):

[*1] シュワルツの不等式は, この証明からわかるように, 上で述べた内積の性質のみから導かれる. 以下この本では何種類かの内積を用いるが, シュワルツの不等式や三角不等式は常に成り立っている.

1.8 関数の空間の内積と直交関数系

$$\|f+g\| \leq \|f\| + \|g\| \tag{1.19}$$

が得られた.

このように，周期的な関数の空間 X は，ユークリッド空間のような内積や長さを持つ線形空間と考えることができる．特に，$\langle f,g \rangle = 0$ のとき，f と g は**直交する**と呼ばれる．しかし，X は有限次元ではない．つまり，有限個の元からなる基底を持たない．そこで，座標系を作るには，無限個の元からなる基底を考える必要が出てくる．そのためには，有限次元の場合とはちがって，基底による展開の収束 を考える必要が生じる．以下に見るように，フーリエ級数展開の収束の問題とは (フーリエ関数系の定める) 基底による展開の収束の問題にほかならない．

さて，関数の集合 $\{f_n\}_{n=1}^{\infty} = \{f_1, f_2, \dots\} \subset X$ を考える．$\{f_n\}$ が**正規直交系**(orthonormal system) であるとは

$$\langle f_n, f_m \rangle = \delta[n-m] \qquad (n, m = 1, 2, \dots)$$

が成立することである．この定義は，有限次元の場合と全く変わらない．**フーリエ関数系**(Fourier system) を

$$\varphi_n(t) = e^{i\omega nt} \qquad (n \in \mathbb{Z}, t \in \mathbb{R})$$

で定義すると，$\{\varphi_n\}_{n=-\infty}^{\infty}$ は正規直交系である．これは1.3節で示した．$f \in X$ に対して，

$$\langle f, \varphi_n \rangle = \frac{1}{T}\int_0^T f(t)e^{-i\omega nt}dt = c[n] \qquad (n \in \mathbb{Z})$$

は，f のフーリエ係数である．つまり，フーリエ級数展開

$$f(t) = \sum_{n=-\infty}^{\infty} c[n]\varphi_n(t)$$

は，ベクトル f の正規直交系 $\{\varphi_n\}$ に関する展開であり，フーリエ係数 $c[n] = \langle f, \varphi_n \rangle$ は座標成分である．複素フーリエ級数の代わりに，(普通の) フーリエ級数を考えると，

$$\psi_0(t) = 1, \ \psi_n^{(1)}(t) = \sqrt{2}\cos(\omega nt), \ \psi_n^{(2)}(t) = \sqrt{2}\sin(\omega nt)$$

とおけば，$\{\psi_0, \psi_1^{(1)}, \psi_2^{(1)}, \ldots, \psi_1^{(2)}, \psi_2^{(2)}, \ldots\}$ はやはり正規直交系である (定理1.1). 以降も，主に複素フーリエ級数のみを考える.

1.9　正規直交基底とフーリエ級数の平均収束

$\{f_n\}_{n=1}^{\infty} = \{f_1, f_2, \ldots\}$ を X の正規直交系とする．$\{f_n\}$ が X の**正規直交基底**(orthonormal basis)，または**完全正規直交系**(complete orthonormal system)であるとは，すべての $f \in X$ について

$$\lim_{N\to\infty} \left\| f - \sum_{n=1}^{N} \langle f, f_n \rangle f_n \right\| = 0$$

が成立することである．つまり，ノルムに関する極限の意味で

$$f = \lim_{N\to\infty} \sum_{n=1}^{N} \langle f, f_n \rangle f_n = \sum_{n=1}^{\infty} \langle f, f_n \rangle f_n$$

と展開できるとき，$\{f_n\}$ は正規直交基底と呼ばれる．この節の目標は，フーリエ関数系が正規直交基底になっていることを示すことである．つまり，次を証明する．

定理 1.6. フーリエ関数系 $\{\varphi_n\}_{n=-\infty}^{\infty}$ は X の正規直交基底である．さらに，$f \in X$ に対して $c[n] = \langle f, \varphi_n \rangle$ をそのフーリエ係数とすると

$$\|f\|^2 = \sum_{n=-\infty}^{\infty} |c[n]|^2 \qquad (1.20)$$

が成り立つ．

公式 (1.20) は，**パーセバルの等式**と呼ばれる．この定理が示されれば

$$\left\| f - \sum_{n=-N}^{N} c[n]\varphi_n \right\| \longrightarrow 0 \qquad (N \to \infty)$$

という意味で，すべての $f \in X$ についてフーリエ級数展開が収束することが分かる．これを，フーリエ級数展開の**平均収束** (または L^2-収束) という．平均収束は，各点 $x \in \mathbb{R}$ での収束を意味しないことを注意しておこう．平均収束は，定理 1.3 の一様収束よりは，ずっと弱い収束である[*1)]．

さて，$\{f_n\}_{n=1}^{\infty}$ を正規直交系，$f \in X$ とする．このとき

$$\begin{aligned}
\left\| f - \sum_{n=1}^{N} \langle f, f_n \rangle f_n \right\|^2 &= \left\langle f - \sum_{n=1}^{N} \langle f, f_n \rangle f_n, f - \sum_{n=1}^{N} \langle f, f_n \rangle f_n \right\rangle \\
&= \|f\|^2 - \sum_{n=1}^{N} \langle f, f_n \rangle \langle f_n, f \rangle - \sum_{n=1}^{N} \overline{\langle f, f_n \rangle} \langle f, f_n \rangle \\
&\quad + \sum_{n=1}^{N} \sum_{m=1}^{N} \langle f, f_n \rangle \overline{\langle f, f_m \rangle} \langle f_n, f_m \rangle \\
&= \|f\|^2 - \sum_{n=1}^{N} |\langle f, f_n \rangle|^2
\end{aligned} \qquad (1.21)$$

が分かる．左辺は負にならないので

$$\sum_{n=1}^{N} |\langle f, f_n \rangle|^2 \le \|f\|^2$$

が得られる．右辺は N に依らず，左辺は N が大きくなるとき単調に増大するので，$N \to \infty$ の極限を取ることができる．すると，次の不等式が導かれる．

命題 1.7 (ベッセルの不等式). $\{f_n\}_{n=1}^{\infty}$ が正規直交系ならば，任意の $f \in X$ に対して次が成り立つ．

$$\sum_{n=1}^{\infty} |\langle f, f_n \rangle|^2 \le \|f\|^2. \qquad (1.22)$$

特に，$\{c[n]\}$ を f のフーリエ係数とすると

$$\sum_{n=-\infty}^{\infty} |c[n]|^2 \le \|f\|^2$$

[*1)] 一様収束から平均収束は簡単に導かれる．逆は成立しない．反例を考えてみよ．

が分かる．さて，等式 (1.21) に戻ろう．$\{f_n\}$ が正規直交基底であるというのは，定義によれば，$N \to \infty$ のとき (1.21) の最初の式が 0 に収束するということであった．これより，直ちに次のことがしたがう．

命題 1.8. $\{f_n\}_{n=1}^{\infty}$ を正規直交系とする．$\{f_n\}$ が正規直交基底であるための必要十分条件は，任意の $f \in X$ について

$$\|f\|^2 = \sum_{n=1}^{\infty} |\langle f, f_n \rangle|^2$$

が成立することである．

これにより，定理 1.6 の最初の主張は，後半の主張 (1.20) と同値であることが分かった．定理 1.6 の証明のために，もう一つ補題を準備しておこう．

補題 1.9. $\{f_n\}$ を正規直交系，$a_1, a_2, \ldots, a_N \in \mathbb{C}$，$f \in X$ とする．このとき，次が成り立つ．

$$\left\| f - \sum_{n=1}^{N} \langle f, f_n \rangle f_n \right\| \leq \left\| f - \sum_{n=1}^{N} a_n f_n \right\|. \tag{1.23}$$

つまり，$\sum_{n=1}^{N} \langle f, f_n \rangle f_n$ は，f の $\{f_1, f_2, \ldots, f_N\}$ の線形結合による（ノルムに関して）最良の近似である．

証明． まず，$m = 1, 2, \ldots, N$ に対して

$$\left\langle f - \sum_{n=1}^{N} \langle f, f_n \rangle f_n, f_m \right\rangle = \langle f, f_m \rangle - \sum_{n=1}^{N} \langle f, f_n \rangle \langle f_n, f_m \rangle = 0$$

であることに注意しよう．つまり，$g \equiv f - \sum_{n=1}^{N} \langle f, f_n \rangle f_n$ と f_m は直交する．したがって

$$\left\| f - \sum_n a_n f_n \right\|^2 = \left\| g + \sum_n (\langle f, f_n \rangle - a_n) f_n \right\|^2$$

$$= \|g\|^2 + \left\langle g, \sum_n (\langle f, f_n \rangle - a_n) f_n \right\rangle$$

$$+ \left\langle \sum_n (\langle f, f_n \rangle - a_n) f_n, g \right\rangle + \left\| \sum_n (\langle f, f_n \rangle - a_n) f_n \right\|^2$$

$$= \|g\|^2 + \left\| \sum_n (\langle f, f_n \rangle - a_n) f_n \right\|^2 \geq \|g\|^2$$

が成立する[*1]. □

定理 1.6 の証明. $f \in X, \varepsilon > 0$ を任意の小さな数とする.すると,リプシッツ連続な周期関数 g で,$\|f - g\| < \varepsilon/2$ を満たすものを見つけることができる[*2].すると,定理 1.5 より,N を十分大きく取れば

$$\left| g(t) - \sum_{|n| \leq N} c_N[n] \varphi_n(t) \right| < \frac{\varepsilon}{2T} \qquad (t \in [0, T])$$

が成り立つ.ここで,$\{c_N[n]\}$ は

$$c_N[n] = \frac{1}{N} \sum_{m=0}^{N-1} g\left(\frac{m}{N} T\right) e^{-i 2\pi (m/N) n} \qquad (n \in \mathbb{Z})$$

である.これより,

$$\left\| g - \sum_{|n| \leq N} c_N[n] \varphi_n \right\| < \frac{\varepsilon}{2}$$

がしたがう.ゆえに

[*1] この式より,簡単な計算で次の公式がしたがう.

$$\left\| f - \sum_n a_n f_n \right\|^2 - \left\| f - \sum_n \langle f, f_n \rangle f_n \right\|^2 = \sum_n |\langle f, f_n \rangle - a_n|^2.$$

したがって,(1.23) で等号が成立するのは,$a_n = \langle f, f_n \rangle$ の場合に限られる.

[*2] この主張は,数学的にきちんと証明すると少し長くなるので,ここでは省略する.例えば,f が有限個の不連続点を除いてリプシッツ連続な場合は,不連続点の周りで一次関数に変形することにより,容易に g を構成することができる.具体的な例では,多くの場合このように g は簡単に見つけられる.ルベーグ積分の理論を用いれば,かなり一般的な関数について,この主張を証明することができる.

$$\left\| f - \sum_{|n|\leq N} c_N[n]\varphi_n \right\| \leq \| f - g \| + \left\| g - \sum_{|n|\leq N} c_N[n]\varphi_n \right\| < \varepsilon$$

が分かる．ここで，補題 1.9 を用いると

$$\left\| f - \sum_{|n|\leq N} \langle f, f_n \rangle \varphi_n \right\| \leq \left\| f - \sum_{|n|\leq N} c_N[n]\varphi_n \right\| < \varepsilon$$

が導かれる．$\varepsilon > 0$ は任意だったから，N を大きくすれば左辺はいくらでも 0 に近づくことが分かる．これで主張は示された． □

1.10 定理1.3の証明

この節では，前節で証明したフーリエ級数の平均収束とパーセバルの等式を用いて，フーリエ級数の一様収束に関する定理 1.3 を証明しよう[*1)]．そのために，三つの補題を用意する．これらを組み合わせると，定理 1.3 は直ちに導かれる．

補題 1.10. f を周期 T のリプシッツ連続な周期関数，$\{c[n]\}$ を f のフーリエ係数とする．このとき

$$\sum_{n=-\infty}^{\infty} |n|^2 |c[n]|^2 < \infty$$

証明．リプシッツ連続性より，定数 $C > 0$ が存在して

$$|f(t+h) - f(t)| \leq C|h| \qquad (t, h \in \mathbb{R})$$

が成り立つ．$N \geq 1$ に対して，$h = T/2N$ とおき，f の h だけの差分関数を

$$g(t) = \frac{1}{h}(f(t+h) - f(t)) = \frac{2N}{T}\Big(f\Big(t + \frac{T}{2N}\Big) - f(t)\Big)$$

と定義すれば，$|g(t)| \leq C$ である．g のフーリエ係数を $\{d[n]\}$ と書くことにしよう．すると

[*1)] 証明に興味のない人は，補題の主張だけ読んで，他は飛ばしても差し支えない．

1.10 定理1.3の証明

$$d[n] = \frac{1}{h}\int_0^T (f(t+h) - f(t))e^{-i\omega nt}dt = \frac{1}{h}(e^{i\omega nh} - 1)c[n]$$
$$= \frac{2N}{T}e^{i\omega nh/2}(2i)\sin\left(\frac{\pi n}{2N}\right)c[n]$$

が成り立つ．g についてパーセバルの等式を用いれば

$$\|g\|^2 = \sum_{n=-\infty}^{\infty} |d[n]|^2 = \left(\frac{4N}{T}\right)^2 \sum_{n=-\infty}^{\infty} \left|\sin\left(\frac{\pi n}{2N}\right)\right|^2 |c[n]|^2$$

が分かる．一方 (1.16) を用いると

$$|n| \leq N \quad \Rightarrow \quad \left|\sin\left(\frac{\pi n}{2N}\right)\right| \geq \frac{2}{\pi} \cdot \frac{\pi n}{2N} = \frac{n}{N}$$

だから

$$\|g\|^2 \geq \frac{16}{T^2} \sum_{n=-\infty}^{\infty} |n|^2 |c[n]|^2$$

を得る．$|g(t)|^2 \leq C^2$ を想い出せば，

$$\sum_{n=-\infty}^{\infty} |n|^2 |c[n]|^2 \leq \frac{T^2 C^2}{16}$$

が分かる．右辺は N に依らないから，$N \to \infty$ として求める不等式が導かれる． □

補題 1.11. 補題 1.10 と同じ仮定の下で

$$\sum_{n=-\infty}^{\infty} |c[n]| < \infty.$$

証明．$\mathbb{C}^N$ でのシュワルツの不等式：

$$\sum_{n=1}^{N} |a_n b_n| \leq \left(\sum_{n=1}^{N} |a_n|^2\right)^{1/2} \left(\sum_{n=1}^{N} |b_n|^2\right)^{1/2}$$

を想い出しておこう．$c[n] = (1/n) \times (nc[n])$ $(n \neq 0)$ と考えてシュワルツの不等式を用いると

$$\sum_{1\leq |n|\leq N}|c[n]| \leq \Big(2\sum_{n=1}^{N}\frac{1}{n^2}\Big)^{1/2}\Big(\sum_{1\leq |n|\leq N}|n|^2|c[n]|^2\Big)^{1/2}$$

$$\leq \Big(2\sum_{n=1}^{\infty}\frac{1}{n^2}\Big)^{1/2}\Big(\sum_{n=-\infty}^{\infty}|n|^2|c[n]|^2\Big)^{1/2}$$

が分かる．右辺は補題 1.10 より有限の定数で N に依らない．したがって，$N\to\infty$ として，補題の主張がしたがう．$\square$

補題 1.12. f を周期 T の連続な周期関数で，$\{c[n]\}$ を f のフーリエ係数とする．もし $\sum_{n=-\infty}^{\infty}|c[n]|<\infty$ ならば，フーリエ部分和：

$$S_N(t) = \sum_{n=-N}^{N} c[n]e^{i\omega nt}$$

は $N\to\infty$ のとき f に一様収束する．

証明．$N<M$ とすると

$$|S_N(t)-S_M(t)| \leq \sum_{N<|n|\leq M}|c[n]| \leq \sum_{|n|>N}|c[n]| \qquad (1.24)$$

である．仮定より，$N\to\infty$ のとき $\sum_{|n|>N}|c[n]|\to 0$ だから，(1.24) の右辺は 0 に収束する．つまり，各 t ごとに，$\{S_N(t)\}$ はコーシー列であり，極限が存在する．そこで $g(t)\equiv \lim_{N\to\infty}S_N(t)$ とおく．(1.24) で $M\to\infty$ とすると

$$|S_N(t)-g(t)| \leq \sum_{|n|>N}|c[n]|$$

となる．右辺は t に依らず，$N\to\infty$ のとき 0 に収束するのだから，$S_N(t)$ は g に一様収束することになる．これより，$\|S_N-g\|\to 0$ がしたがう．一方，定理 1.6 より，$\|S_N-f\|\to 0$ だから，$f=g$ でなければならない．以上で，S_N が f に一様収束することが示された．$\square$

定理 1.3 は補題 1.11 と補題 1.12 から直ちに導かれる．

1.11 ギッブス現象と総和法，または窓関数

この章においては，周期 T の (リプシッツ) 連続な周期関数 $f(t)$ のフーリエ級数は $f(t)$ に一様収束することを学んだ．一方，連続とは限らない周期関数については，平均収束の意味でフーリエ級数が収束することを見た．連続でない関数のフーリエ級数は一様収束しない．なぜなら，フーリエ部分和 $S_N(t)$ は連続だから，もし一様収束したとすれば，極限 $f(t)$ も連続でなければならない．では，連続な点 t では，フーリエ級数は $f(t)$ に収束するのだろうか？ この問については，次のような結果が知られている．

定理 1.13. $f(t)$ を周期 T の周期関数で，$[0,T]$ 上では有限個の不連続点以外では微分可能，しかも微分した関数は有界であると仮定する．このとき，t で f が連続ならば，フーリエ部分和 $S_N(t)$ は $N \to \infty$ のとき $f(t)$ に収束する．もし f が t で不連続ならば，
$$\lim_{N\to\infty} S_N(t) = \frac{1}{2}(f(t+0) + f(t-0))$$
が成り立つ．ただし
$$f(t \pm 0) = \lim_{\varepsilon \to +0} f(t \pm \varepsilon).$$

この定理の証明は，特に難しくはないがここでは省略する．例えば，文献 [4](III 章，例題 1.4) に証明が載っている．この節では，不連続な点の近くでのフーリエ級数の収束について，具体例で調べてみよう．

例 1.4 (方形波). 周期 T の周期関数で，
$$f_4(t) = \begin{cases} -1 & (-T/2 < t < 0), \\ 1 & (0 < t < T/2) \end{cases}$$
を満たすものを方形波 (または矩形波，square wave) と呼ぶ (図 1.5)．

f_4 は奇関数なので，正弦フーリエ展開を計算する．すると

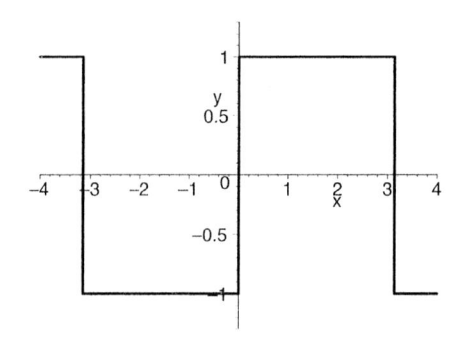

図 1.5 方形波. ただし $T = 2\pi$.

$$b[n] = \frac{4}{T} \int_0^{T/2} \sin(\omega n t) dt$$
$$= \frac{4}{T} \left[\frac{-\cos(\omega n t)}{\omega n} \right]_0^{T/2} = \frac{2}{\pi} \cdot \frac{(1-(-1)^n)}{n}$$
$$= \begin{cases} 4/(n\pi) & (n \text{ が奇数のとき}), \\ 0 & (n \text{ が偶数のとき}) \end{cases}$$

となる.つまり

$$f_4(t) = \frac{4}{\pi} \sum_{n=0}^{\infty} \frac{\sin(\omega(2n+1)t)}{2n+1}$$
$$= \frac{4}{\pi} \left(\sin(\omega t) + \frac{1}{3} \sin(\omega 3t) + \frac{1}{5} \sin(\omega 5t) + \cdots \right)$$

と展開される.この展開の部分和 $S_N(t)$ をグラフで見てみよう (図 1.6).

このグラフを見ると,不連続な点 $0, \pm\pi$ 以外では N が大きくなるとき $S_N(t)$ は $f_4(T)$ に収束することが観察できる.しかし,$T = 0, \pm\pi$ の近くでは $S_N(t)$ は強く振動し,$f(t)$ よりも大きく飛び出した点が存在する.しかも N を大きくしてもこれは消えない.この現象を**ギッブス現象**(Gibbs phenomena) という[*1].また,連続な点でも,小さな振動は消えないことを注意しよう.電子工学では,この飛び出しをオーバーシュート,振動をリップル,リンギングなどと呼ぶ.この飛び出し (オーバーシュート) の高さは,$N \to \infty$ のとき

[*1] この名前は,物理学者のギッブス (Gibbs) の論文に由来するが,実はこれより 60 年前に既に数学者のウィルブラム (Wilbraham) により発見されている.

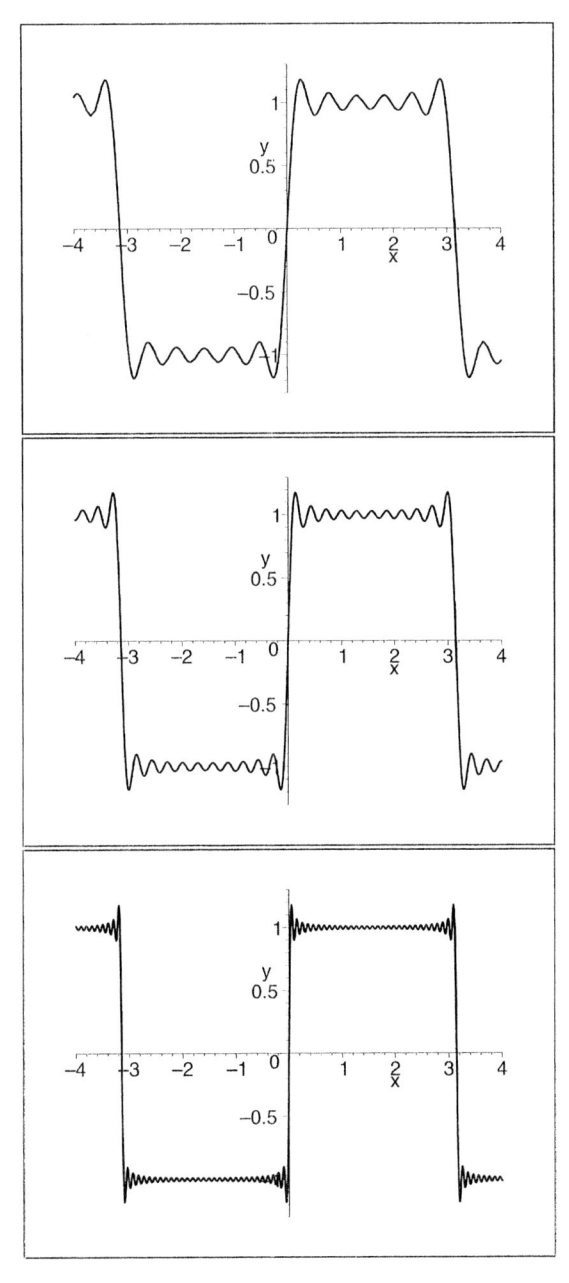

1.11 ギブス現象と総和法，または窓関数

図 1.6 方形波のフーリエ部分和．上から $S_{11}(t)$, $S_{21}(t)$, $S_{61}(t)$.

$$\frac{2}{\pi}\int_0^\pi \frac{\sin t}{t}dt \sim 1.1798\dots$$

に収束することが証明できる．このギッブス現象は，どのような不連続点の周りでも発生する，一般的な現象である．これを回避する方法として，総和法という方法がある．

$G(s)$ を $[-1,2]$ に台を持つ有界関数で，$G(0)=1$，しかも 0 で連続であると仮定する．このとき，**重み関数**(weight function) $G(s)$ に対応する部分和を

$$S_N^G(t) = \sum_{n=-N}^{N} G\left(\frac{n}{N}\right) c[n] e^{i\omega n t} \qquad (t \in \mathbb{R})$$

と定義しよう．例えば

$$G(s) = \begin{cases} 1 & (s \in [-1,1]), \\ 0 & (s \notin [-1,1]) \end{cases}$$

とおけば，普通のフーリエ部分和 $S_N(t)$ が得られる．$G(s)$ が上の条件を満たせば，各 n ごとに $G(n/N) \to 1\ (N \to \infty)$ なので，(形式的には)

$$\lim_{N \to \infty} S_N^G(t) = \sum_{n=-\infty}^{\infty} c[n] e^{i\omega n t} = f(t)$$

となり，同じフーリエ展開を与えるはずである．しかし，収束の性質は $G(s)$ の選び方によって異なってくる．このような手法を一般に**総和法**(summation method)と呼ぶ．具体的な例を二つだけ見ておこう．理論的な考察は，後に回してここでは論じない．

(1) フェイェル和． 古くから知られているフーリエ級数の総和法としては，次のようなものがある．

$$G(s) = \begin{cases} 1 - |s| & (s \in [-1,1]), \\ 0 & (s \notin [-1,1]) \end{cases}$$

とおく．$G(s)$ は $[-1,1]$ に台を持つ連続関数である．このとき，

$$\sigma_N(t) = S_N^G(t) = \sum_{n=-N}^{N} \left(\frac{N-|n|}{N}\right) c[n] e^{i\omega nt}$$

をフェイェル和(Féjer sum)と呼ぶ．方形波のフェイェル和 $\sigma_{21}(t)$ のグラフ (図 1.7) から見て取れるように，フェイェル和はギッブス現象を示さない．実際，任意の関数 f について，f のフェイェル和を $\sigma_N(t)$ とすると

$$\sup_t |\sigma_N(t)| \leq \sup_t |f(t)| \qquad (N \geq 1)$$

が成り立ち，オーバーシュートは決して生じない．また，図から分かるように，小さな振動もほとんどないことに注目してほしい．ある意味で，フーリエ部分和に比べてフェイェル和は「素直な」収束をしていることが分かる．特に，次のような，フーリエ部分和では成立しない性質が成り立つ．これはフーリエ級数の理論では大切な役割を果たす．

定理 1.14. f を連続な周期関数，$\sigma_N(t)$ を f のフーリエ級数展開のフェイェル和とする．$\sigma_N(t)$ は $N \to \infty$ のとき，f に一様収束する．

この定理の証明は，2.5 節で与える．

(2) ハン窓． フーリエ級数の総和法は，ディジタル信号処理の分野では実用的に大切な役割を果たす．この文脈では，重み関数 $G(s)$ は，**窓**(window)，または**窓関数**と呼ばれる．フェイェル和は，収束が遅いので実用上はあまり用いられない．応用上有用な窓関数の例として，ハン窓 (Hann window) を紹介しておこう[*1]．

$$H(s) = \begin{cases} \frac{1}{2}(1 - \cos(\pi s)) & (s \in [-1, 1]), \\ 0 & (s \notin [-1, 1]) \end{cases}$$

がハン窓と呼ばれる関数である．実際に計算してみると，オーバーシュートは全くないわけではないが，フーリエ部分和よりはずっと小さく，また振動も小

[*1] ハン窓は，しばしば誤ってハニング窓と呼ばれる．これは，ハミング窓 (Hamming window) との類似から来ていると思われるが，ハミングもハンも考案者の名前である．

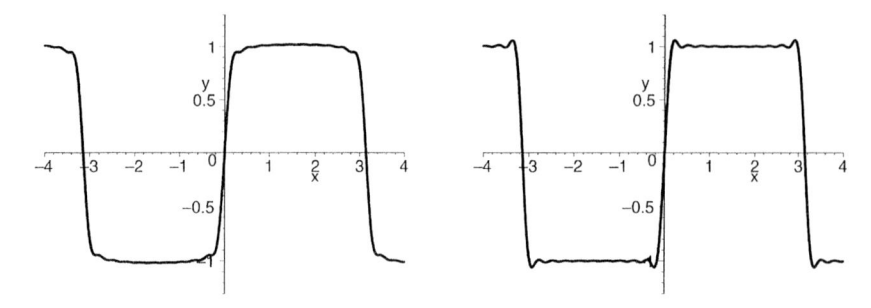

図 1.7　方形波のフェイェル和 $\sigma_{21}(t)$

図 1.8　方形波のフーリエ級数のハン窓による部分和 $S^H_{21}(t)$

さいことが見て取れる (図 1.8).　一方，フェイェル和と比べると，0 から離れたところでの収束は比較的速い．これが実用上有利な点である．また定理 1.14 と同様に，連続関数のフーリエ級数のハン窓による部分和は，もとの関数に一様収束することが証明できる．これらの事実については 2.5 節, 3.10 節で論じる．

2

フーリエ級数の性質と応用

　この章ではフーリエ級数展開のもう少し詳しい性質について調べ，微分方程式や差分方程式，信号処理への簡単な応用について説明する．また，前章の最後に学んだ総和法をたたみこみを用いて見直し，特にフェイエル和の収束に関する定理 1.14 の証明を与える．

2.1　フーリエ級数と微分

　最初に，微分方程式への応用の準備として，微分とフーリエ級数展開の関係について調べてみよう．次節以降の偏微分方程式への応用においては，この節の結果は直接用いられないが，基本的なアイデアは共通している．この節の後半では，簡単な定数係数の常微分方程式への応用を述べる．

　f を周期 T の周期関数で

$$f(t) = \sum_{n=-\infty}^{\infty} c[n] e^{i\omega n t}$$

というフーリエ級数展開を持つとしよう．もし，項別微分ができると仮定すれば

$$f'(t) = \sum_{n=-\infty}^{\infty} i\omega n \cdot c[n] e^{i\omega n t}$$

となる．つまり，$f'(t)$ のフーリエ係数は $\{i\omega n \cdot c[n]\}$ となるはずである．以下のような場合には，これは正当化できる[*1]．

[*1] この性質は，第 5 章，第 6 章で学ぶ超関数の枠組みの中で考えると，はるかに一般的な関数について成り立つ．

定理 2.1. f を周期 T の連続な周期関数で，$[0,T]$ 上では有限個の点を除いて微分可能，しかも f' は有界で積分可能と仮定する．このとき，f' のフーリエ係数を $\{d[n]\}_{n=-\infty}^{\infty}$ とおけば

$$d[n] = i\omega n \cdot c[n] \qquad (n \in \mathbb{Z})$$

が成り立つ．ただし，$\{c[n]\}_{n=-\infty}^{\infty}$ は f のフーリエ係数．

証明． フーリエ係数の定義と部分積分により

$$\begin{aligned} d[n] &= \frac{1}{T} \int_0^T f'(t) e^{-i\omega n t} dt \\ &= \frac{1}{T} \Big[f(t) e^{-i\omega n t} \Big]_0^T - \frac{1}{T} \int_0^T f(t)(-i\omega n) e^{-i\omega n t} dt \\ &= i\omega n \cdot c[n] \end{aligned}$$

ただし，第 3 の等式においては，$f(t)$ の周期性を用いた． □

この議論は，f の微分ができる限りは何度でも繰り返すことができる．つまり，もし f が C^m-級の関数であるならば，定理 2.1 を m 回繰り返して用いて，$f^{(m)}$ のフーリエ係数が $\{(i\omega n)^m c[n]\}$ で与えられることが分かる．このとき，$f^{(m)}$ は有界関数だから

$$\big|(i\omega n)^m c[n]\big| \leq \sup_t \big|f^{(m)}(t)\big| \qquad (n \in \mathbb{Z})$$

が成り立つ．したがって

$$|c[n]| \leq \big(\omega^{-m} \sup |f^{(m)}|\big) \cdot |n|^{-m} \qquad (n \neq 0)$$

がしたがう．つまり，次の定理が証明された．

定理 2.2. f が C^m-級の周期関数ならば，$k = 0, 1, \ldots, m$ に対して，f の k-階微分 $f^{(k)}$ のフーリエ係数は $\{(i\omega n)^k c[n]\}_{n=-\infty}^{\infty}$ で与えられる．また，定数 $C > 0$ が存在して，

2.1 フーリエ級数と微分

$$|c[n]| \leq C(1+|n|)^{-m} \qquad (n \in \mathbb{Z}) \tag{2.1}$$

が成り立つ．ただし，f のフーリエ係数を $\{c[n]\}_{n=-\infty}^{\infty}$ と書いた．

さて，この定理の逆を考えてみよう．すなわち，フーリエ係数 $\{c[n]\}$ から，f が微分可能かどうかが分かるだろうか？ 特に，定理 2.2 から，f が C^m-級なら (2.1) が成立するが，(2.1) が成立すれば f は C^m-級だろうか？ これは一般には正しくないが，次のような，もう少し弱い結果が成り立つ．

定理 2.3. f を連続な周期関数，$\{c[n]\}$ をそのフーリエ係数とする．m を整数として

$$\sum_{n=-\infty}^{\infty} |n|^m |c[n]| < \infty \tag{2.2}$$

ならば，f は C^m-級関数である．特に，$a > m+1$ について

$$|c[n]| \leq C(1+|n|)^{-a} \qquad (n \in \mathbb{Z})$$

が成り立つならば，f は C^m-級関数である．

証明. $m \geq 1$ について (2.2) を仮定すると，

$$\sum_{n=-\infty}^{\infty} |i\omega n\, c[n]| = |\omega| \sum_{n=-\infty}^{\infty} |n|\, |c[n]| < \infty$$

であるから，$f(t) = \sum c[n] e^{i\omega n t}$ は項別微分ができる．すると

$$f'(t) = \sum_{n=-\infty}^{\infty} i\omega n\, c[n] e^{i\omega n t}$$

となり，右辺は仮定より n についての和が t に関して一様収束する．したがって f' は連続であり，f は C^1-級であることがしたがう．これを繰り返し用いて前半の主張を得る．後半の主張は，前半より直ちに導かれる． □

系 2.4. f を周期関数とする．f が C^∞-級関数であるための必要十分条件は，

任意の $M>0$ について,$C>0$ が存在して

$$|c[n]| \leq C(1+|n|)^{-M} \qquad (n \in \mathbb{Z})$$

が成り立つことである.

このように,f のなめらかさは $\{c[n]\}$ の $|n| \to \infty$ での減少のしかたと密接に関わっている.すなわち,f がなめらかなほど $c[n]$ は $|n| \to \infty$ で速く減少するし,逆も正しい[*1].実用上用いられるなめらかな関数のほとんどは,実は解析的である[*2].解析的な関数については,次のようなさらに強い結果が成り立つ (例えば,文献 [3] 定理 4.7,[9] 定理 8.19 を参照).

定理 2.5 (ペイリー・ウィーナーの定理). f を解析的な周期関数とする.このとき,ある $C>0, \varepsilon>0$ が存在して

$$|c[n]| \leq C e^{-\varepsilon|n|} \qquad (n \in \mathbb{Z}) \tag{2.3}$$

が成り立つ.逆に,(2.3) が成り立てば,f は解析的である.

さて,ここからは定数係数の線形常微分方程式の周期的な解について考えよう.P を

$$Pf(t) = \sum_{j=0}^{m} a_j \frac{d^j f}{dt^j}(t) \qquad (t \in \mathbb{R})$$

で定義される定数係数の線形常微分作用素とする.ここで,$a_0, a_1, \cdots, a_m \in \mathbb{C}$ は定数である.周期 T の関数 f に関する方程式

$$Pf(t) = g(t)$$

を考えよう.ここで,g は与えられた周期関数とする.f が m-階微分可能と仮定すると,定理 2.2 から両辺のフーリエ係数は

[*1] しかし,定量的にぴったり評価することは難しい.
[*2] 関数 $f(x)$ が解析的 (analytic) であるとは,各点の近傍におけるテイラー展開が収束することである.

$$\sum_{j=0}^{m} a_j (i\omega n)^j c[n] = d[n] \qquad (n \in \mathbb{Z})$$

を満たす．ただし，f のフーリエ係数を $\{c[n]\}$，g のフーリエ係数を $\{d[n]\}$ と書いた．これは，各 n ごとに独立な方程式だから，g のフーリエ係数 $\{d[n]\}$ から f のフーリエ係数 $\{c[n]\}$ が求まるはずである．ここでは，一般論には深入りせず

$$Pf(t) = f''(t) + \lambda f(t)$$

の場合について，少し詳しく調べてみよう．この場合は，上の方程式は

$$(-\omega^2 n^2 + \lambda)c[n] = d[n] \qquad (n \in \mathbb{Z})$$

となる．

[場合 1] $\lambda \notin \{\omega^2 n^2 | n \in \mathbb{Z}\}$ の場合：このときは，

$$c[n] = \frac{1}{-\omega^2 n^2 + \lambda} d[n]$$

と解ける．もしも，g がリプシッツ連続ならば，$\sum_n |d[n]| < \infty$ である (補題 1.11)．したがって

$$\sum_{n=-\infty}^{\infty} n^2 |c[n]| = \sum_{n=-\infty}^{\infty} \left| \frac{n^2}{-\omega^2 n^2 + \lambda} \right| |d[n]| \leq C \sum_{n=-\infty}^{\infty} |d[n]| < \infty$$

となる．したがって，$f = \sum c[n] e^{i\omega n t}$ は C^2-級関数であり，項別微分ができて方程式を満たすことが分かる．これ以外の解は存在しない．特に，$Pf = 0$ を満たす (周期的な) 解は $f = 0$ だけである．

[場合 2] $\lambda = \omega^2 n_0^2$ ($n \in \mathbb{Z}$) の場合：このときは，$Pf = g$ が解けるためには $d[n_0] = 0$ が必要である．このとき，$n \neq n_0$ については，上の場合と同様に，$d[n]$ から $c[n]$ が解ける．$c[n_0]$ はどのように選んでも方程式は満たされる．すなわち

$$f(t) = \sum_{n \neq n_0} \frac{d[n]}{-\omega^2 n^2 + \lambda} e^{i\omega n t} + A e^{i\omega n_0 t} \qquad (A \text{ は任意定数})$$

が(形式的な)解である. g がリプシッツ連続ならば f が C^2-級で方程式の解であることは, [場合 1] と同様に確かめられる.

さて, 上の方程式で $g=0$ とおいて, λ を任意定数と考えると, 方程式 $Pf = 0$ は, 固有値問題:
$$f''(t) + \lambda f(t) = 0$$
である. 上の考察より, 固有値は $\{\omega^2 n^2 | n \in \mathbb{Z}\}$ であり, 固有関数は $\exp(i\omega n t)$ であることが分かる. $n \neq 0$ では固有値は二重に縮退しており, 各 $\lambda = \omega^2 n^2$ について固有関数は
$$\{a\cos(\omega n t) + b\sin(\omega n t) \mid a, b \in \mathbb{C}\}$$
という 2 次元の空間を張る.

2.2 偏微分方程式への応用-1：熱方程式

フーリエが最初に「フーリエ級数」を用いたのは, 熱方程式の解を求める手法としてであった. この節では, この問題について考えてみよう. 長さ $R > 0$ の棒を区間 $[0, R]$ と考えて, 端点の温度が 0 であるとしよう. この問題は, 次の偏微分方程式で記述される.

$$\begin{cases} \dfrac{\partial u}{\partial t}(x,t) = \dfrac{\partial^2 u}{\partial x^2}(x,t) & (x \in (0,R), t > 0), \\ u(0,t) = u(R,t) = 0 & (t > 0), \\ u(x,0) = f(x) & (x \in [0,R]). \end{cases} \quad (2.4)$$

ここで, $u(x,t)$ は時刻 t, 点 x での温度を表し, $f(x)$ が時刻 $t=0$ での初期温度である[*1]. 第 1 の方程式が**熱方程式**(heat equation), 第 2 の方程式が**境界条件**(boundary condition), 第三の方程式が**初期条件**(initial condition) と呼ばれ, これらを合わせて, 熱方程式の初期境界値問題と呼ばれる. $t=0, x=0, R$ では, 境界条件と初期条件はつじつまが合っていなければならない. すなわち

[*1] したがって, $u(x,t), f(x)$ は実数値関数とする. 計算の途中では, 複素数値関数が出てくるが, 最終的な結果については実数値関数のみ現れる.

2.2 偏微分方程式への応用-1：熱方程式

$$f(0) = f(R) = 0 \tag{2.5}$$

が成立する必要がある．これを**両立条件**(compatibility condition) という．

　まず，u や f は十分になめらかだと仮定して，形式的な計算で解を求める．変数分離形，つまり

$$u(x,t) = \xi(x) \cdot \tau(t)$$

の形をした解を最初に探そう．すると熱方程式は

$$\xi(x)\tau'(t) = \xi''(x)\tau(t)$$

となる．$\xi(x) \neq 0, \tau(t) \neq 0$ であるならば

$$\frac{\tau'(t)}{\tau(t)} = \frac{\xi''(x)}{\xi(x)}$$

が成り立つ．すると，左辺は x に独立，右辺は t に独立だから，両辺は定数でなければならない．すなわち，定数 a が存在して

$$\frac{\tau'(t)}{\tau(t)} = \frac{\xi''(x)}{\xi(x)} = a$$

となる．これより，二つの方程式

$$\begin{cases} \tau'(t) = a\tau(t) & (t > 0), \\ \xi''(x) = a\xi(x) & (x \in (0, R)) \end{cases}$$

が導かれる．第 1 の方程式は簡単に解けて

$$\tau(t) = \tau(0)e^{at}$$

を得る．第 2 の方程式の解は

$$\xi(x) = \alpha e^{\sqrt{a}x} + \beta e^{-\sqrt{a}x} \qquad (\alpha, \beta \in \mathbb{C})$$

である．境界条件 $\xi(0) = \xi(R) = 0$ を満たすためには

$$\alpha + \beta = 0, \quad \alpha e^{\sqrt{a}R} + \beta e^{-\sqrt{a}R} = 0$$

が必要である．すると，$(\alpha = \beta = 0$ でなければ$)$

$$e^{2\sqrt{a}R} = 1$$

が満たされていなければならない．ゆえに，$2\sqrt{a}R \in 2\pi i\mathbb{Z}$, すなわち a は

$$a = -\left(\frac{\pi n}{R}\right)^2 \qquad (n \in \mathbb{Z})$$

の形をしている．このとき

$$\xi(x) = (2i\alpha)\sin\left(\frac{\pi n}{R}x\right)$$

となる．以上より，各 $n \in \mathbb{Z}$ ごとに

$$u_n(x,t) = e^{-(\pi n/R)^2 t}\sin\left(\frac{\pi n}{R}x\right)$$

という，変数分離型の解が得られた[*1]．これらの解の線形結合も方程式 (2.4) を満たすから，$\{b[n]\}_{n=1}^{\infty}$ を任意の数列として

$$u(x,t) = \sum_{n=1}^{\infty} b[n]\sin\left(\frac{\pi n}{R}x\right)e^{-(\pi n/R)^2 t} \qquad (2.6)$$

も (収束すれば) 形式的には方程式 (2.4) を満たすことが分かる．すべての解がこの形で書けることを，この節の後半では示そう．

解 (2.6) の $t = 0$ での値を見てみると

$$u(x,0) = \sum_{n=0}^{\infty} b[n]\sin\left(\frac{\pi n}{R}x\right)$$

である．ちょうどこれは，正弦フーリエ級数展開の形をしている．これが初期条件 $f(x)$ と等しくなるように，数列 $\{b[n]\|\}$ を選ぶ必要がある．そこで

$$f(-x) = -f(x) \qquad (0 \leq x \leq R),$$
$$f(x+2mR) = f(x) \qquad (-R \leq x \leq R, m \in \mathbb{Z})$$

とおいて，f を $2R$-周期の周期関数に拡張する．f が連続で両立条件 (2.5) を満

[*1] $a = 0$ の場合は $\xi''(x) = 0$ は他の解 $\alpha x + \beta$ も持つが，これは境界条件を満たさない．

たす連続関数なら，拡張された f も連続である．また，この f は奇関数だから

$$b[n] = \frac{1}{R}\int_0^{2R} f(x)\sin\left(\frac{\pi n}{R}x\right)dx$$
$$= \frac{2}{R}\int_0^{R} f(x)\sin\left(\frac{\pi n}{R}x\right)dx$$

とおけば，f の正弦フーリエ級数展開が

$$f(x) = \sum_{n=1}^{\infty} b[n]\sin\left(\frac{\pi n}{R}x\right)$$

で与えられることが分かる．したがって，このとき (2.6) が (2.4) の形式的な解を与えることが分かる．実際，f がリプシッツ連続なら，この主張は正当化できる．さらに，(2.4) の解はこれ以外にないことも証明できる．

定理 2.6. f を $[0,R]$ 上のリプシッツ連続な関数で，両立条件 (2.5) を満たすと仮定する．このとき，$\omega = \pi/R$ として

$$b[n] = \frac{2}{R}\int_0^{R} f(x)\sin(\omega n x)dt \qquad (n \geq 1),$$
$$u(x,t) = \sum_{n=1}^{\infty} b[n]\sin(\omega n x)e^{-\omega^2 n^2 t} \qquad (x \in [0,R], t \geq 0)$$

とおけば，$u(x,t)$ は $[0,R] \times [0,\infty)$ で連続，$(0,R) \times (0,\infty)$ で無限回微分可能であり，(2.4) を満たす．さらに，$[0,R] \times [0,\infty)$ で連続，$(0,R) \times (0,\infty)$ で 2 回連続微分可能な唯一つの (2.4) の解である．

証明． 最初に，$t > 0, 0 < x < R$ で $u(x,t)$ が方程式 (2.4) を満たすことを確かめよう．任意の M について，定数 $C_M > 0$ が存在して

$$e^{-s} \leq C_M(1+s)^{-M} \qquad (s \geq 0)$$

となるから，ある定数 $C > 0$ によって

$$\left|b[n]e^{-\omega^2 n^2 t}\right| \leq C(1+\omega^2 n^2 t)^{-M} \qquad (2.7)$$

が成り立つ．したがって，定理 2.3 より $t > 0$ なら $u(x,t)$ は x と t について何回でも項別微分できて，C^∞-級関数である．特に

$$\frac{\partial}{\partial t}u(x,t) = \sum_{n=1}^{\infty} b[n]\sin(\omega nx)(-\omega^2 n^2)e^{-\omega^2 n^2 t},$$

$$\frac{\partial^2}{\partial x^2}u(x,t) = \sum_{n=1}^{\infty} b[n](-\omega^2 n^2)\sin(\omega nx)e^{-\omega^2 n^2 t}$$

なので，u は熱方程式を満たすことが分かる．また，上の評価 (2.7) によりフーリエ級数は一様収束するので，$u(0,t) = u(R,t) = 0$ となり，境界条件も満たされることが分かる．

次に初期条件を確かめよう．$\varepsilon > 0$ とする．補題 1.11 より $\sum |b[n]| < \infty$ であるから，N を十分大きく取って

$$\sum_{n>N} |b[n]| < \frac{\varepsilon}{2}$$

とすることができる．次に，$t_0 > 0$ を十分小さく取れば

$$\sum_{n=1}^{N} (1 - e^{-\omega^2 n^2 t_0})|b[n]| < \frac{\varepsilon}{2}$$

となるようにできる．すると

$$f(x) - u(x,t) = \sum_{n=1}^{\infty} b[n]\sin(\omega nx)(1 - e^{-\omega^2 n^2 t})$$

なので，$0 < t < t_0$ のとき

$$|f(x) - u(x,t)| \leq \sum_{n=1}^{\infty} |b[n]|(1 - e^{-\omega^2 n^2 t_0})$$

$$\leq \sum_{n>N} |b[n]| + \sum_{n=1}^{N} |b[n]|(1 - e^{-\omega^2 n^2 t_0}) < \varepsilon$$

が分かる．$\varepsilon > 0$ は任意だったから，これは $t \to 0$ のとき $u(x,t)$ が $f(x)$ に一様収束することを意味する．つまり，u は $t = 0$ までこめて連続で，初期条件を満たすことが示された．

最後に，解の一意性，つまり (2.4) の解が他にないことを示そう．それには，次の補題を用いる．これは**エネルギー不等式**(energy inequality) と呼ばれるものの一例である．

補題 2.7. $w(x,t)$ が x について 2 回連続微分可能，t について 1 回連続微分可能で，熱方程式の初期境界値問題 (2.4) を満たすならば

$$\int_0^R w(x,t)^2 dx \leq \int_0^R f(x)^2 dx \qquad (t>0) \tag{2.8}$$

証明．左辺を t に関して微分すると

$$\frac{\partial}{\partial t}\int_0^R w(x,t)^2 dx = 2\int_0^R \Big(\frac{\partial}{\partial t}w(x,t)\Big)w(x,t)dx$$

$$= 2\int_0^R \Big(\frac{\partial^2}{\partial x^2}w(x,t)\Big)w(x,t)dx$$

$$= -2\int_0^R \Big|\frac{\partial w}{\partial x}(x,t)\Big|^2 dx \leq 0.$$

ここで，第 3 の等式においては，部分積分をしてから境界条件を用いた．したがって

$$\int_0^R w(x,t)^2 \leq \int_0^R w(x,0)^2 = \int_0^R f(x)^2 dx$$

がしたがう．□

さて，$u(x,t)$ と $\tilde{u}(x,t)$ がともに熱方程式 (2.4) を満たすならば，$w(x,t) = u(x,t) - \tilde{u}(x,t)$ は初期条件 $f = 0$ として，初期境界値問題 (2.4) を満たす．したがって，補題 2.7 により

$$\int_0^R w(x,t)^2 dx = \int_0^R w(x,0)^2 dx = 0$$

となり，$w(x,t) \equiv 0$ でなければならない．つまり，$u(x,t) \equiv \tilde{u}(x,t)$ である．これで定理の主張はすべて示された．□

例 2.1. 最初に簡単な例を見てみよう．$f(x) = \sin(3\omega x)$ とする．ただし，今までのように，考えている区間は $[0, R]$，$\omega = \pi/R$ とおいた．すると，熱方程

式の初期境界値問題 (2.4) の解は

$$u(x,t) = \sin(3\omega x)e^{-9\omega^2 t}$$

となる (図 2.1).

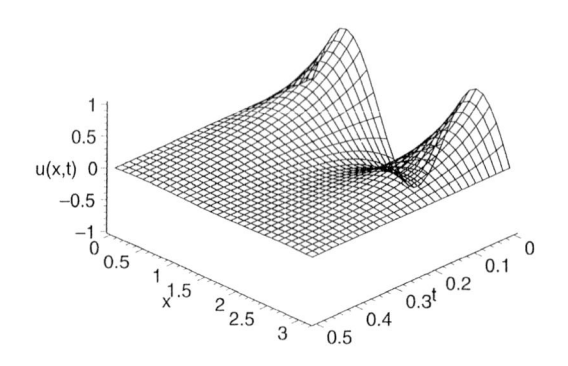

図 2.1 $\sin(3\omega x)$ を初期値とする熱方程式の解. ただし, $R = \pi$.

例 2.2. 次のような初期条件を考えよう.

$$f(x) = \begin{cases} x & (0 \leq x \leq R/2), \\ R - x & (R/2 \leq x \leq R). \end{cases}$$

これは, だいたい三角波と同じである. このとき, $\omega = \pi/R$ として, 前と同様の計算をすると

$$b[n] = \begin{cases} \dfrac{(-1)^m}{R\omega^2(2m+1)^2} & (n = 2m+1: \text{奇数}), \\ 0 & (n: \text{偶数}) \end{cases}$$

を得る. つまり

$$f(x) = \frac{1}{R\omega^2} \sum_{m=0}^{\infty} \frac{(-1)^m}{(2m+1)^2} \sin(\omega(2m+1)x)$$

というフーリエ級数展開が得られる. これより, 定理 2.6 を用いて, f を初期

値とする熱方程式 (2.4) の解は

$$u(x,t) = \frac{1}{R\omega^2} \sum_{m=0}^{\infty} \frac{(-1)^m}{(2m+1)^2} \sin(\omega(2m+1)x) e^{-\omega^2(2m+1)^2 t}$$

で与えられることが分かる (図 2.2).

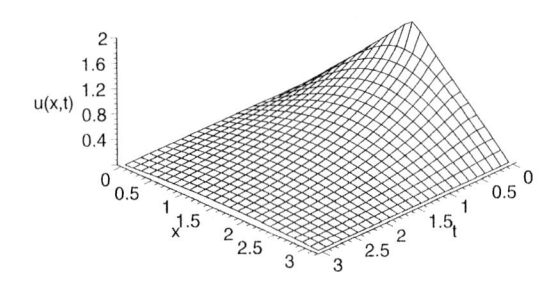

図 2.2　三角波を初期値とする熱方程式の解．ただし，$R = \pi$.

さて，定理 2.6 の解は，次のように書き換えることができる．

$$u(x,t) = \sum_{n=1}^{\infty} \frac{2}{R} \int_0^R f(y) \sin(\omega n y) dy \sin(\omega n x) e^{-\omega^2 n^2 t}$$
$$= \int_0^R \left(\frac{2}{R} \sum_{n=1}^{\infty} \sin(\omega n y) \sin(\omega n x) e^{-\omega^2 n^2 t} \right) f(y) dy$$

ここで，積分と無限和の順序の交換をしたが，$t > 0$ においては n に関する和は x について一様に絶対収束するので，これは問題ない．このカッコの中を

$$G(x,y,t) = \frac{2}{R} \sum_{n=1}^{\infty} \sin(\omega n x) \sin(\omega n y) e^{-\omega^2 n^2 t}$$

と書けば，$t > 0$ では (x,y,t) に関してなめらかな関数であることは，容易に分かる[*1]．そして，

$$u(x,t) = \int_0^R G(x,y,t) f(y) dy$$

という簡単な形に解は表現できる．$G(x,y,t)$ を，初期境界値問題 (2.4) のグ

[*1]　項別微分をして，和が収束することを確かめればよい．

リーン関数(Green's function) と呼ぶ. $y \in (0, R)$ を止めて考えると, $t > 0$ では $G(x, y, t)$ は熱方程式を満たす. $G(x, y, t)$ は $t = 0$ で y に「点熱源」をおいたときの温度分布であると考えることができる[*1]. グリーン関数の性質をもう少し詳しく調べると, もっと一般の初期値 $f(x)$ に対して (2.4) の解を構成することもできるが, ここでは省略しよう (図 2.3).

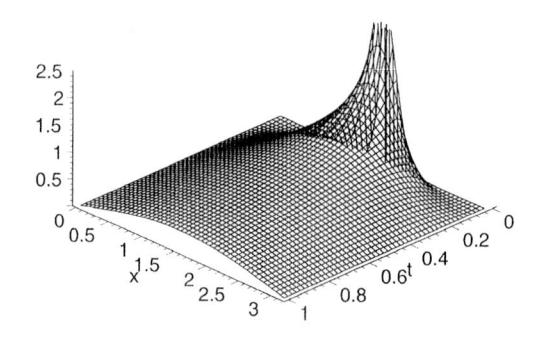

図 2.3 $R = \pi$, $y = \pi/2$ としたときのグリーン関数 $G(x, y, t)$
$t = 0$, $x = \pi/2$ の近くでは $G(x, y, t)$ は急激に大きくなり,
表示範囲をはみ出していることに注意.

2.3 偏微分方程式への応用-2：ディリクレ問題

ここでは, 単位円盤状のディリクレ問題を, フーリエ級数展開を用いて解くことについて考えよう. 単位円盤を D, その境界を ∂D と書く. すなわち

$$D = \{(x,y) \in \mathbb{R}^2 \mid x^2 + y^2 < 1\}, \quad \partial D = \{(x,y) \in \mathbb{R}^2 \mid x^2 + y^2 = 1\}$$

とする. D でのディリクレ問題(Dirichlet problem) とは, ∂D 上の連続関数 $f(x,y)$ ($(x,y) \in \partial D$) を与えて

$$\begin{cases} \dfrac{\partial^2 u}{\partial x^2}(x,y) + \dfrac{\partial^2 u}{\partial y^2}(x,y) = 0 & ((x,y) \in D), \\ u(x,y) = f(x,y) & ((x,y) \in \partial D) \end{cases} \quad (2.9)$$

[*1] これについては, 超関数の言葉を用いると簡明に表現できる. $G(x, y, t)$ は $t \to 0$ のときデルタ関数 $\delta(x - y)$ に収束するのである.

2.3 偏微分方程式への応用-2：ディリクレ問題

を満たす，$\overline{D} = D \cup \partial D$ で連続な関数 $u = u(x,y)$ を見つける問題である．ディリクレ問題は，静電場の方程式，定常流の問題，など多くの状況で現れる，典型的な数理物理の問題である．(2.9) の最初の方の微分方程式は**ラプラス方程式**(Laplace equation) と呼ばれる．後の方の方程式は，境界条件である．

前節と同じように，まずラプラス方程式の特別な解をまず見つけよう．そのために，2次元ユークリッド空間 $\mathbb{R}^2$ を複素平面 $\mathbb{C}$ と同一視する．つまり

$$(x,y) \in \mathbb{R}^2 \quad \longleftrightarrow \quad z = x + iy \in \mathbb{C}$$

という対応で，$\mathbb{R}^2$ と $\mathbb{C}$ を同じものと考える．

$$\partial = \frac{\partial}{\partial x} - i\frac{\partial}{\partial y}, \quad \bar{\partial} = \frac{\partial}{\partial x} + i\frac{\partial}{\partial y}$$

と書こう[*1]．簡単な計算で

$$\frac{\partial^2}{\partial x^2} + \frac{\partial^2}{\partial y^2} = \partial \cdot \bar{\partial} = \bar{\partial} \cdot \partial$$

であることが分かる．したがって，$\partial u = 0$ または $\bar{\partial} u = 0$ ならば u はラプラス方程式を満たす．一方

$$\bar{\partial} u = \frac{\partial u}{\partial x} + i\frac{\partial u}{\partial y} = 0$$

はコーシー・リーマンの方程式だから，u が (複素関数として) 正則ならば $\bar{\partial} u = 0$ は満たされる．特に，$\bar{\partial}(z^n) = 0$ である．この複素共役を取ることにより，$\partial(\bar{z}^n) = 0$ も分かる．したがって，$\{c[n]\}_{n=-\infty}^{\infty}$ を任意の数列とするとき，少なくとも形式的には

$$u(z) = \sum_{n=0}^{\infty} c[n] z^n + \sum_{n=1}^{\infty} c[-n] \bar{z}^n \tag{2.10}$$

は (収束すれば) ラプラス方程式の解である．さて，この関数の ∂D での値 (境界値) を考えてみよう．∂D を極座標で考える．つまり

$$\partial D = \left\{ e^{i\theta} \mid 0 \leq \theta \leq 2\pi \right\}$$

[*1] 形式的には，$\partial = \partial/\partial z$, $\bar{\partial} = \partial/\partial \bar{z}$ を意味している．

という座標で ∂D の点を考え，$u(z)$ の表現に代入しよう．すると

$$u(e^{i\theta}) = \sum_{n=0}^{\infty} c[n]e^{in\theta} + \sum_{n=1}^{\infty} c[-n]e^{-in\theta} = \sum_{n=-\infty}^{\infty} c[n]e^{in\theta}$$

と書くことができる．この右辺は，周期 2π の周期関数のフーリエ級数展開に他ならない．そこで，f が

$$f(e^{i\theta}) = \sum_{n=-\infty}^{\infty} c[n]e^{in\theta} \tag{2.11}$$

というフーリエ級数展開を持つならば，(2.10) で定義される u はディリクレ問題 (2.9) の解を与えるはずである．実際，次のことが証明できる．

命題 2.8. f を ∂D 上のリプシッツ連続な関数とする．このとき f のフーリエ級数展開が (2.11) で与えられているとすると，(2.10) は D で C^∞-級，$\overline{D}$ で連続な関数で，ディリクレ問題 (2.9) の解を与える．

証明． $f(e^{i\theta})$ は θ に関して周期 2π の周期関数だから，フーリエ係数 $\{c[n]\}$ は

$$c[n] = \frac{1}{2\pi}\int_0^{2\pi} f(e^{i\theta})e^{-in\theta}d\theta$$

で与えられる．特に，$|c[n]| \leq \sup|f|$ であり有界．したがって，コーシー・アダマールの公式より

$$u_1(z) = \sum_{n=0}^{\infty} c[n]z^n$$

の収束半径は

$$\left(\limsup_{n\to\infty} |c[n]|^{1/n}\right)^{-1} \geq 1$$

となり，D 内で $u_1(z)$ は正則．特に u は C^∞-級関数で $\bar\partial u_1(z) = 0$ を満たす．同様に

$$u_2(z) = \sum_{n=1}^{\infty} c[-n]z^n$$

も D 内で正則であり $\bar\partial u_2(z) = 0$ を満たす．したがってまた，$\partial u_2(\bar z) = 0$ で

ある.ゆえに,$u(z) = u_1(z) + u_2(\bar{z})$ は D 内でラプラス方程式を満たす C^∞-級関数である.あとは,u が境界までこめて連続で境界条件を満たすことを確かめればよい.これは定理 2.6 とほとんど同様にできる.つまり,$\varepsilon > 0$ を任意に選び

$$\sum_{|n|>N} |c[n]| < \frac{\varepsilon}{2}$$

を満たすように N を十分大きく取る.つぎに,$0 < r_0 < 1$ を十分 1 に近く取れば

$$\sum_{n=-N}^{N} (1 - r_0^{|n|})|c[n]| < \frac{\varepsilon}{2}$$

が成り立つ.すると,$r_0 < r < 1$ のとき

$$\left| u(re^{i\theta}) - f(e^{i\theta}) \right| = \left| \sum_{n=-\infty}^{\infty} (1 - r^{|n|})c[n]e^{in\theta} \right| < \varepsilon$$

が導かれる.つまり,$u(re^{i\theta})$ は $r \to 1$ のとき $f(e^{i\theta})$ に (θ に関して) 一様収束する.したがって,u は ∂D まで込めて連続であり,境界条件を満たす. □

上の命題では f はリプシッツ連続と仮定したが,もっと一般に,任意の連続な関数 f に対して (2.10) はディリクレ問題の解を与える.これを見るには,フーリエ級数展開を直接用いるのではなくて,積分核による解の具体的表示を用いる必要がある.そのために,上の解を前節のグリーン関数の計算にならって書き直してみよう.まず

$$\begin{aligned} u(re^{i\theta}) &= \sum_{n=-\infty}^{\infty} c[n]r^{|n|}e^{in\theta} \\ &= \sum_{n=-\infty}^{\infty} \frac{1}{2\pi} \int_0^{2\pi} f(e^{i\theta})e^{-in\varphi}d\varphi\, r^{|n|}e^{in\theta} \\ &= \frac{1}{2\pi} \sum_{n=-\infty}^{\infty} r^{|n|} \int_0^{2\pi} f(e^{i\theta})e^{in(\theta-\varphi)}d\varphi \end{aligned}$$

と書くことができる.$0 \leq r < 1$ では無限和は一様収束するので,積分と和の順序交換ができる.したがって

$$u(x,t) = \frac{1}{2\pi} \int_0^{2\pi} \Big(\sum_{n=-\infty}^{\infty} r^{|n|} e^{in(\theta-\varphi)} \Big) f(e^{i\varphi}) d\varphi$$

を得る．そこで

$$P_r(\theta) = \frac{1}{2\pi} \sum_{n=-\infty}^{\infty} r^{|n|} e^{in(\theta-\varphi)} \tag{2.12}$$

と定義すれば

$$u(re^{i\theta}) = \int_0^{2\pi} P_r(\theta - \varphi) f(e^{i\varphi}) d\varphi \tag{2.13}$$

と書くことができる．$P_r(\theta)$ は θ に関して 2π-周期関数であり，フーリエ係数が $r^{|n|}/2\pi$ で与えられることに注意しよう．さて，$P_r(\theta)$ をもっと簡単にしよう．

$$\begin{aligned} P_r(\theta) &= \frac{1}{2\pi} \Big(1 + \sum_{n=1}^{\infty} r^n e^{in\theta} + \sum_{n=1}^{\infty} r^n e^{-in\theta} \Big) \\ &= \frac{1}{2\pi} \Big(1 + \frac{re^{i\theta}}{1 - re^{i\theta}} + \frac{re^{-i\theta}}{1 - re^{-i\theta}} \Big) \\ &= \frac{1}{2\pi} \frac{1 - r^2}{1 - 2r\cos\theta + r^2}. \end{aligned} \tag{2.14}$$

この $P_r(\theta)$ をポアッソン核(Poisson kernel) と呼ぶ (図 2.4)．

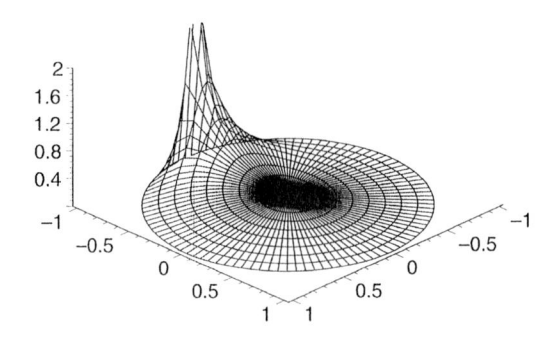

図 2.4 ポアッソン核
$\theta = 0, r = 1$ の近くでは急激に値が大きくなり，表示範囲をはみ出している．

ポアッソン核は次のような性質を持つ．

補題 2.9. (i) 任意の $\theta \in \mathbb{R}, 0 \leq r < 1$ について $P_r(\theta) > 0$．

(ii)
$$\int_0^{2\pi} P_r(\theta)d\theta = 1.$$

(iii) 任意の $\delta > 0$ に対して，$r \to 1$ のとき $[\delta, 2\pi - \delta]$ 上で $P_r(\theta)$ は 0 に一様収束する．

証明．(i) は (2.14) より明らかだろう．(ii) は，$P_r(\theta)$ の定義 (2.12) より

$$\int_0^{2\pi} P_r(\theta)d\theta = \frac{1}{2\pi}\sum_{n=-\infty}^{\infty} r^{|n|} \int_0^{2\pi} e^{in\theta}d\theta = \frac{1}{2\pi}\int_0^{2\pi} d\theta = 1.$$

ここで，$n \neq 0$ ならば $\int_0^{2\pi} e^{in\theta}d\theta = 0$ であることを用いた．(iii) を示すには

$$1 - 2r\cos\theta + r^2 = 1 - \cos^2\theta + (\cos\theta - r)^2 \geq 1 - \cos^2\theta$$

に注意すれば，$\theta \in [\delta, 2\pi - \delta]$ のとき

$$P_r(\theta) \leq \frac{1}{2\pi}\frac{1-r^2}{1-\cos^2\theta} \leq \frac{1}{2\pi}\frac{1-r^2}{1-\cos^2\delta}$$

である．最後の式は，$r \to 1$ のとき 0 に収束するので，主張がしたがう．□

この補題と，2.5 節で証明する定理 2.14 を用いると，∂D 上の任意の連続な関数 f について (2.13) がディリクレ問題 (2.9) の解を与えることが導かれる．

定理 2.10. f を ∂D 上の連続関数とする．このとき，(2.13) で定義される D 上の関数 $u(x, t)$ はディリクレ問題 (2.9) の解であり，D の内部で C^∞-級，かつ境界まで込めて連続である．さらに，u は D 内で C^2-級，$\overline{D}$ で連続であるような (2.9) の唯一つの解である．

証明．u が D の内部でなめらかでラプラス方程式を満たすことは，命題 2.8 の証明と全く同様に示される．また，補題 2.9 の (ii), (iii) と定理 2.14 より，$u(re^{i\theta})$ は $r \to 1$ のとき $f(e^{i\theta})$ に一様収束することが分かる．したがって，u は境界条件を満たし，(2.9) の解を与えている．

次に，他の解がないことを示そう．(2.9) のもう一つの解を $v(x, y)$ と書こう．

$w = u - v$ とおくと, w は

$$\begin{cases} \dfrac{\partial^2 w}{\partial x^2}(x,y) + \dfrac{\partial^2 w}{\partial y^2}(x,y) = \triangle w(x,y) = 0 & ((x,y) \in D), \\ w(x,y) = 0 & ((x,y) \in \partial D) \end{cases}$$

を満たす. すると, グリーンの公式より

$$\begin{aligned} 0 &= \int_D \triangle w\, \overline{w} dxdy \\ &= -\int_D \nabla w \cdot \nabla \overline{w} dxdy + \int_{\partial D} \overline{w}(\nabla w \cdot \mathbf{n}) dS_x \\ &= -\int_D |\nabla w|^2 dxdy \end{aligned}$$

を得る. ここで, $\mathbf{n}$ は ∂D 上の外法線ベクトルであり, 第 3 の等式では境界条件を用いた. これより $\nabla w \equiv 0$ だから, w は D 上で定数. すると境界条件より $w \equiv 0$ でなければならない. すなわち, $u \equiv v$. □

例 2.3. 最初は, フーリエ級数が 1 項だけからなる簡単な例を見よう. $f(e^{i\theta}) = \sin(6\theta)$ とすると, ディリクレ問題の解は

$$u(r\varepsilon^{i\theta}) = r^6 \sin(6\theta)$$

で与えられる (図 2.5).

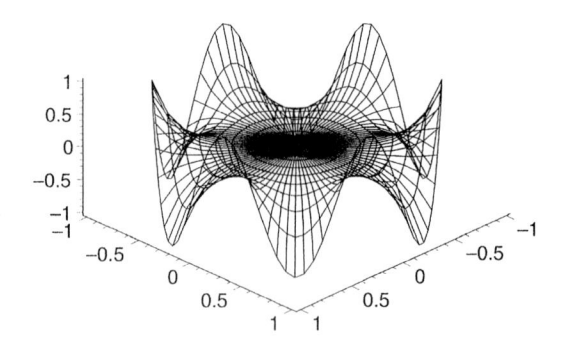

図 2.5 境界条件を $f(e^{i\theta}) = \sin(6\theta)$ としたときのディリクレ問題の解

2.3 偏微分方程式への応用-2：ディリクレ問題

例 2.4. 例 1.2 と同様に，

$$f(e^{i\theta}) = |\theta| \qquad (-\pi < \theta < \pi)$$

とおけば，f はリプシッツ連続な周期 2π の周期関数 (三角波) であり，命題 2.8，あるいは定理 2.10 より (2.9) の解が構成できる．具体的にフーリエ級数の形で書けば

$$u(re^{i\theta}) = \sum_{m=0}^{\infty} \frac{4r^{2m+1}}{\pi(2m+1)^2} \cos((2m+1)\theta)$$

となる (図 2.6).

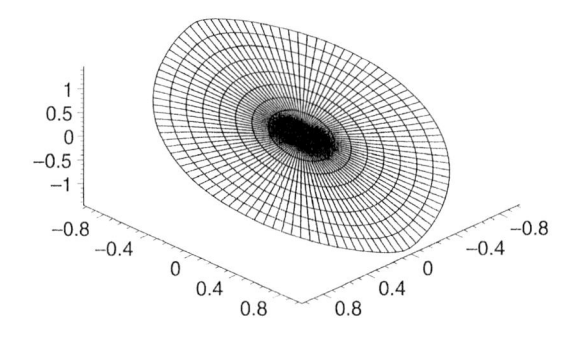

図 2.6 境界条件を $f(e^{i\theta}) = |\theta|$ としたときのディリクレ問題の解

例 2.5. f として不連続な関数を取ってきても，同様に (2.9) の解を構成することができる．ただし，もちろん不連続点では境界条件が満たされることは期待できない．しかし，$u(re^{i\theta})$ は $r \to 1$ のとき $f(e^{i\theta})$ に平均収束し，内部でラプラス方程式を満たすことが証明できる．例えば，例 1.4 の方形波を境界条件として取ろう．つまり

$$f(e^{i\theta}) = \begin{cases} -1 & (-\pi < \theta < 0), \\ 1 & (0 < \theta < \pi) \end{cases}$$

とすると，

$$u(re^{i\theta}) = \frac{\pi}{4} \sum_{m=0}^{\infty} \frac{r^{2m+1}}{2m+1} \sin((2m+1)\theta)$$

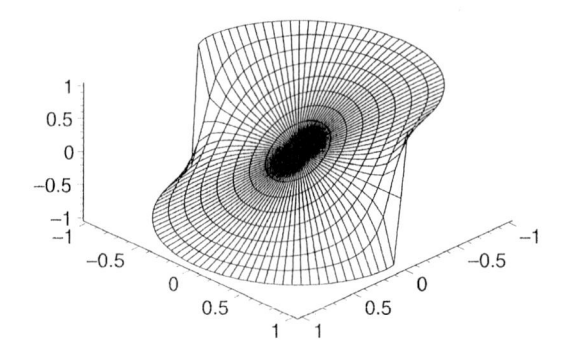

図 2.7 不連続な方形波を境界条件としたときのディリクレ問題の解

となる (図 2.7). $r \to 1$ のとき,ギブス現象のようなオーバーシュートを起こしていないことに注意してほしい.

2.4 積のフーリエ級数展開とたたみこみ

この節では,関数の積のフーリエ級数展開や,フーリエ係数の積ともとの関数の関係などについて説明する.いくつもの関数のフーリエ係数を考える必要があるので,次のような記号を用いることにしよう. f が周期 T の周期関数のとき, f のフーリエ係数を

$$(\mathcal{F}f)[n] = \frac{1}{T}\int_0^T f(t)e^{-i\omega n t}dt \qquad (n \in \mathbb{Z})$$

と書こう.すなわち, $\mathcal{F}$ は周期関数の空間 X から数列の集合への,フーリエ係数を対応させる線形写像である.逆に, $c = \{c[n]\}_{n=-\infty}^{\infty}$ が ($\mathbb{Z}$ をインデックスとする) 数列とするとき

$$(\mathcal{F}^*c)(t) = \sum_{n=-\infty}^{\infty} c[n]e^{i\omega n t} \qquad (t \in \mathbb{R})$$

と書くことにしよう. $\mathcal{F}^*c$ は,もちろん一般には収束するとは限らないが

$$\sum_{n=-\infty}^{\infty} |c[n]| < \infty \qquad (2.15)$$

が満たされれば $\mathcal{F}^*c$ は一様収束し，$\mathcal{F}\mathcal{F}^*c = c$ が成立する．条件 (2.15) を ℓ^1-条件と呼び，(2.15) を満たす数列全体の集合を $\ell^1(\mathbb{Z})$ と書く．補題 1.11 によれば，f がリプシッツ連続ならば $\mathcal{F}f \in \ell^1(\mathbb{Z})$ であり，$\mathcal{F}^*\mathcal{F}f = f$ が成り立つ．また，一般の $f \in X$ についても，$\mathcal{F}^*\mathcal{F}f = f$ が平均収束の意味で成り立つことを 1.9 節で学んだ．以上のような意味で，$\mathcal{F}$ と $\mathcal{F}^*$ は互いの逆写像になっている．つまり

$$\mathcal{F}^* = \mathcal{F}^{-1}$$

と考えてよい．

さて，f, g を周期 T の周期関数で，$\mathcal{F}f, \mathcal{F}g \in \ell^1(\mathbb{Z})$ であると仮定しよう．すると，$c = \mathcal{F}f, d = \mathcal{F}f$ と書けば

$$f(t)g(t) = \sum_{n=-\infty}^{\infty} c[n]e^{i\omega n t} \sum_{m=-\infty}^{\infty} d[m]e^{i\omega m t}$$
$$= \sum_{n=-\infty}^{\infty} \sum_{m=-\infty}^{\infty} c[n]d[m]e^{i\omega(n+m)t}$$

と書ける．仮定より

$$\sum_{n=-\infty}^{\infty} \sum_{m=-\infty}^{\infty} |c[n]d[m]| = \sum_{n=-\infty}^{\infty} |c[n]| \cdot \sum_{m=-\infty}^{\infty} |d[m]| < \infty$$

なので，上の二重数列は (t について一様に) 絶対収束する．したがって，無限和の取り方は自由に変えられるので，$n + m = k$ と変数変換して m に関する和を k に関する和に書き換えると

$$f(t)g(t) = \sum_{n=-\infty}^{\infty} \sum_{k=-\infty}^{\infty} c[n]d[k-n]e^{i\omega k t}$$
$$= \sum_{k=-\infty}^{\infty} \Big(\sum_{n=-\infty}^{\infty} c[n]d[k-n] \Big) e^{i\omega k t}$$

と書き直せる．つまり，$f(t)g(t)$ のフーリエ係数は

$$p[n] = \sum_{m=-\infty}^{\infty} c[m]d[n-m] \qquad (n \in \mathbb{Z}) \qquad (2.16)$$

で与えられる．$p \in \ell^1(\mathbb{Z})$ であることは

$$\sum_{n=-\infty}^{\infty} |p[n]| \leq \sum_{n=-\infty}^{\infty} \sum_{m=-\infty}^{\infty} |c[m]| |d[n-m]|$$
$$= \sum_{m=-\infty}^{\infty} |c[m]| \cdot \sum_{n=-\infty}^{\infty} |d[n]| < \infty$$

からしたがう．一般に，二つの数列 c, d に対して (2.16) で与えられる数列 p を (和が存在すれば) $c * d$ と書き，たたみこみ(convolution) と呼ぶ．上で見たように，$c, d \in \ell^1(\mathbb{Z})$ なら $c * d \in \ell^1(\mathbb{Z})$ である．また，$n - m = k$ とおくことにより

$$(c * d)[n] = \sum_{m=-\infty}^{\infty} c[m] d[n-m] = \sum_{k=-\infty}^{\infty} c[n-k] d[k] = (d * c)[n]$$

なので，$c * d = d * c$ が成り立つ．つまり，たたみこみは可換な演算である．以上で，以下の主張が示された．

定理 2.11. f, g を周期 T の連続な周期関数で，$\mathcal{F}f, \mathcal{F}g$ は ℓ^1-条件 (2.15) を満たすと仮定する．このとき，fg のフーリエ係数は

$$\mathcal{F}(fg) = (\mathcal{F}f) * (\mathcal{F}g) \in \ell^1(\mathbb{Z})$$

で与えられる．

例 2.6. f を $\mathcal{F}f \in \ell^1(\mathbb{Z})$ を満たす周期関数とする．一方

$$\mathcal{F}(e^{i\omega t})[n] = \delta[n-1] \qquad (n \in \mathbb{Z})$$

である．したがって

$$\mathcal{F}(e^{i\omega t} f)[n] = \mathcal{F}f * \mathcal{F}(e^{i\omega t})[n]$$
$$= \sum_{m=-\infty}^{\infty} (\mathcal{F}f)[n-m] \delta[m-1]$$
$$= (\mathcal{F}f)[n-1].$$

つまり，$e^{i\omega t}f(t)$ のフーリエ係数は $(\mathcal{F}f)[n-1]$ で与えられる．同様にして，任意の $m\in\mathbb{Z}$ に対して

$$\mathcal{F}(e^{i\omega mt}f)[n] = (\mathcal{F}f)[n-m] \qquad (n\in\mathbb{Z})$$

が成立する．また，$\cos(\omega t) = (e^{i\omega t}+e^{-i\omega t})/2$ だから，

$$\mathcal{F}(\cos(\omega t)f)[n] = \frac{1}{2}\Big(\mathcal{F}f[n+1] + \mathcal{F}f[n-1]\Big) \qquad (2.17)$$

が成り立つ．

さて，今度はフーリエ係数の積に対応する周期関数は何かを考えよう．つまり，f, g を有界な周期関数とするとき，$(\mathcal{F}f)[n](\mathcal{F}g)[n]$ をフーリエ係数とするような関数は何かを計算する．まず

$$\begin{aligned}(\mathcal{F}f)[n](\mathcal{F}g)[n] &= \frac{1}{T}\int_0^T f(t)e^{-i\omega nt}dt \cdot \frac{1}{T}\int_0^T g(s)e^{-i\omega ns}ds \\ &= \frac{1}{T^2}\int_0^T\int_0^T f(t)g(s)e^{-i\omega n(t-s)}dsdt \\ &= \frac{1}{T^2}\int_0^T\int_{t-T}^t f(t)g(u-t)e^{-i\omega nu}dudt \\ &= \frac{1}{T}\int_0^T\Big(\frac{1}{T}\int_0^T f(t)g(u-t)dt\Big)e^{-i\omega nu}du\end{aligned}$$

である．ここで，積分の順序交換 (フビニの定理) と，g の周期性を用いた．これより，$\mathcal{F}f \cdot \mathcal{F}g$ は $\frac{1}{T}\int_0^T f(s)g(t-s)ds$ のフーリエ係数であることが分かった．数列の場合と同じように，周期 T の周期関数 f, g に対して

$$f*g(t) = \int_0^T f(s)g(t-s)ds \qquad (t\in\mathbb{R})$$

と定義し，$f*g$ を f と g のたたみこみと呼ぶ．数列の場合と同様に

$$f*g = g*f$$

が成り立ち，f, g が有界なら $f*g$ も有界である．実際，シュワルツの不等式

より
$$|f*g(t)| \leq \int_0^T |f(s)|\,|g(t-s)|ds$$
$$\leq \left(\int_0^T |f(s)|^2 ds\right)^{1/2} \left(\int_0^T |g(t-s)|^2 ds\right)^{1/2}$$
$$= \|f\|\,\|g\|$$

なので,f, g が有界でなくても,$\|f\|, \|g\| < \infty$ ならば $f*g$ は有界である[*1)]. 以上より,次が証明された.

定理 2.12. f, g を周期 T の有界な周期関数とする[*2)]. このとき
$$(\mathcal{F}f)[n] \cdot (\mathcal{F}g)[n] = \frac{1}{T}\mathcal{F}(f*g)[n] \qquad (n \in \mathbb{Z}).$$
また,$c, d \in \ell^1(\mathbb{Z})$ ならば
$$\mathcal{F}^*(cd)(t) = \frac{1}{T}(\mathcal{F}^*c)*(\mathcal{F}^*d)(t) \qquad (t \in \mathbb{R}).$$

この定理の前半では,$\mathcal{F}f, \mathcal{F}g \in \ell^1(\mathbb{Z})$ は仮定していないことに注意しよう. 実際,数列に関するシュワルツの不等式:
$$\left|\sum_{n=-\infty}^{\infty} c[n]d[n]\right| \leq \left(\sum_{n=-\infty}^{\infty} |c[n]|^2\right)^{1/2} \left(\sum_{n=-\infty}^{\infty} |d[n]|^2\right)^{1/2}$$
を用いれば
$$\sum_{n=-\infty}^{\infty} |(\mathcal{F}f)[n](\mathcal{F}g)[n]| \leq \left|\sum_{n=-\infty}^{\infty} |(\mathcal{F}f)[n]|^2\right|^{1/2} \left|\sum_{n=-\infty}^{\infty} |(\mathcal{F}g)[n]|^2\right|^{1/2}$$
$$= \|f\|\,\|g\| < \infty$$
が分かり,$\mathcal{F}f \cdot \mathcal{F}g \in \ell^1(\mathbb{Z})$ が導かれる.したがって
$$f*g = T\,\mathcal{F}^*(\mathcal{F}f \cdot \mathcal{F}g)$$
は連続である.

[*1)] さらに,すぐ後に見るように $f*g$ は連続である.
[*2)] ルベーグ積分の理論を用いれば,この仮定は,f, g は可測で $\int |f|^2 dt < \infty$, $\int |g|^2 dt < \infty$ で十分なことが分かる.

2.5 フーリエ級数の総和法・再論

1.10節で論じた部分和の総和法は，前節で論じたフーリエ級数の積に対応する級数展開と考えることができる．つまり，$G(s)$ を 1.10 節の「重み関数」とするとき

$$g_N(t) = \frac{1}{T}\mathcal{F}^*(G(n/N))(t) = \frac{1}{T}\sum_{n=-N}^{N} G\left(\frac{n}{N}\right)e^{i\omega nt}$$

とおけば，f のフーリエ級数の重み関数 G に対応する部分和 $S_N^G(t)$ は

$$S_N^G(t) = \mathcal{F}^*((\mathcal{F}f)[n]G(n/N))(t) = (g_N * f)(t)$$

であることが分かる．

例 2.7 (フーリエ部分和). フーリエ部分和の対応する重み関数 G は

$$G(s) = \begin{cases} 1 & (|s| \leq 1), \\ 0 & (|s| > 1) \end{cases}$$

で与えられた．したがって，対応する周期関数は

$$\begin{aligned}
D_N(t) &= \frac{1}{T}\sum_{n=-N}^{N} e^{i\omega nt} \\
&= \frac{1}{T}\left\{1 + \sum_{n=1}^{N} e^{i\omega nt} + \sum_{n=1}^{N} e^{-i\omega nt}\right\} \\
&= \frac{1}{T}\left\{1 + \frac{e^{i\omega t} - e^{i\omega(N+1)t}}{1 - e^{i\omega t}} + \frac{e^{-i\omega t} - e^{-i\omega(N+1)t}}{1 - e^{-i\omega t}}\right\} \\
&= \frac{1}{T}\frac{2\cos(\omega Nt) - 2\cos(\omega(N+1)t)}{2 - 2\cos(\omega t)} \\
&= \frac{1}{T}\frac{4\sin(\omega(N+\frac{1}{2})t)\sin(\omega t/2)}{4\sin^2(\omega t/2)} \\
&= \frac{1}{T}\frac{\sin(\omega(N+\frac{1}{2})t)}{\sin(\omega t/2)}
\end{aligned}$$

となる．ここで，計算途中では $\sin(\omega t) \neq 0$ となるように $t \notin T\mathbb{Z}$ と仮定したが，$t \in T\mathbb{Z}$ のときは $D_N(t) = \frac{1}{T}(2N+1)$ であるから上の計算結果と連続につながる．$D_N(t)$ をディリクレ核(Dirichlet kernel)と呼ぶ．これを用いると，フーリエ部分和は

$$S_N(t) = D_N * f(t)$$

と書くことができる(図 2.8)．

例 2.8 (フェイェル和). フェイェル和に対応する周期関数は

$$F_N(t) = \frac{1}{T} \sum_{n=-N}^{N} \frac{N - |n|}{N} e^{i\omega n t}$$

であり，これはフェイェル核(Féjer kernel)と呼ばれる．$F_N(t)$ を計算してみると

$$\begin{aligned}F_N(t) &= \frac{1}{TN} \sum_{n=0}^{N-1} \Big(\sum_{k=-n}^{n} e^{i\omega n t} \Big) \\ &= \frac{1}{TN} \sum_{n=0}^{N-1} D_n(t) = \frac{1}{TN} \sum_{n=0}^{N-1} \frac{\sin(\omega(n+\frac{1}{2})t)}{\sin(\omega t/2)}.\end{aligned}$$

ここで

$$\cos(\omega(n+1)t) - \cos(\omega n t) = 2\sin\left(\omega\left(n+\frac{1}{2}\right)t\right)\sin(\omega n t)$$

を用いると

$$\begin{aligned}F_N(t) &= \frac{1}{TN} \sum_{n=0}^{N-1} \frac{2(\cos(\omega(n+1)t) - \cos(\omega n t))}{\sin^2(\omega t/2)} \\ &= \frac{1}{TN} \frac{2(\cos(\omega N t) - 1)}{\sin^2(\omega t/2)} \\ &= \frac{1}{TN} \left(\frac{\sin(\omega N t/2)}{\sin(\omega t/2)}\right)^2\end{aligned}$$

を得る(図 2.9)．

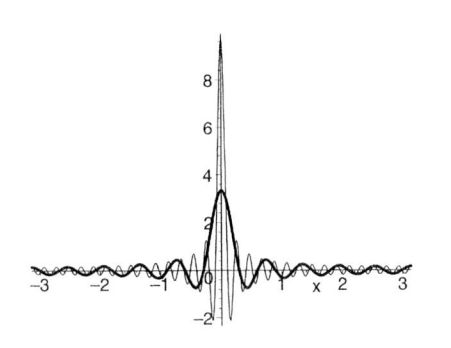

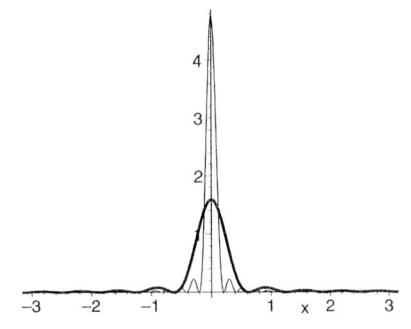

図 2.8 ディリクレ核. 太線が $D_{10}(t)$, 細線が $D_{30}(t)$. ただし, $T = 2\pi$.

図 2.9 フェイエル核. 太線が $F_{10}(t)$, 細線が $F_{30}(t)$. ただし, $T = 2\pi$.

フェイエル核は,以下のような性質を持つ.この性質は, 2.3 節で見たポアソン核の性質とよく似ていることに注意しよう.

補題 2.13. (i) どのような N, t に対しても,$F_N(t) \geq 0$.
(ii) 任意の $N \geq 1$ について

$$\int_0^T F_N(t)dt = 1.$$

(iii) 任意に小さい $\delta > 0$ に対して,$N \to \infty$ のとき $[\delta, T-\delta]$ 上で $F_N(t)$ は 0 に一様収束する.つまり,任意の $\delta, \varepsilon > 0$ に対して,N を十分大きくすれば,$F_N(t) < \varepsilon$ $(t \in [\delta, T-\delta])$ が成り立つ.

証明. (i) は,上の計算から得られた $F_N(t)$ の表現から明らかだろう. (ii) を示す. F_N の定義より,

$$\int_0^T F_N(t)dt = \sum_{n=-N}^{N} \frac{N-|n|}{N} \frac{1}{T}\int_0^T e^{i\omega n t}dt = \frac{1}{T}\int_0^T dt = 1.$$

ここで,$n \neq 0$ ならば $\int_0^T e^{i\omega n t}dt = 0$ であることを用いた.もし $t \in [\delta, T-\delta]$ ならば,$|\sin(\omega t/2)| \geq \sin(\omega \delta/2) > 0$ であるから

$$|F_N(t)| \leq \frac{1}{TN}\left(\frac{1}{\sin(\omega \delta/2)}\right)^2 = (\text{定数}) \times \frac{1}{N}$$

が成り立つ.右辺は $N \to \infty$ のとき 0 に収束するから, (iii) がしたがう. □

この補題の意味するところは，($[-T/2, T/2]$ で考えると) $N \to \infty$ のとき $F_N(t)$ は 0 の近くでのみ大きくなり，それ以外では 0 に収束するということである[*1]．このような関数によるたたみこみについては，次のような定理が成り立つ．

定理 2.14. $g_N(t)$ を，周期 T の連続な周期関数で，次の条件を満たすものとする．

1) ある定数 M が存在して，任意の N について

$$\int_0^T g_N(t)dt = 1, \qquad \int_0^T |g_N(t)|dt \leq M.$$

2) 任意の $\delta > 0$ に対して

$$\lim_{N \to \infty} \int_\delta^{T-\delta} |g_N(t)|dt = 0.$$

すると，f が連続な周期関数ならば，$N \to \infty$ のとき $g_N * f$ は f に一様収束する．

証明． $f_N = g_N * f$ とおく．まず，f は $[0,T]$ 上の連続関数だから，一様連続である．つまり，どのような $a > 0$ に対しても，$b > 0$ を十分小さく取れば

$$|x - y| < b \implies |f(x) - f(y)| < a$$

が成り立つようにできる．$\varepsilon > 0$ に対して，$a = \varepsilon/(2M)$ とおこう．$b = \delta$ を上の条件を満たすように十分小さく取る．条件 (i) より

$$f(t) - f_N(t) = \int_0^T g_N(s)f(t)ds - \int_0^T g_N(s)f(t-s)ds$$
$$= \int_0^T g_N(s)(f(t) - f(t-s))ds$$

と書ける．

[*1] 第 5 章で学ぶように，$F_N(t)$ はデルタ関数に収束する，という言い方もできる．

$$|f(t) - f_N(t)| \leq \int_0^T |g_N(t)|\,|f(t) - f(t-s)|ds$$
$$= \int_{-\delta}^{\delta} |g_N(t)|\,|f(t) - f(t-s)|ds$$
$$+ \int_{\delta}^{T-\delta} |g_N(t)|\,|f(t) - f(t-s)|ds$$
$$= I(t) + II(t)$$

と分解しよう．すると，上の δ の選び方から

$$I(t) \leq \int_{-\delta}^{\delta} |g_N(s)|\,a\,ds \leq Ma = \frac{\varepsilon}{2}$$

である．一方

$$II(t) \leq T \sup_{s \in [\delta, T-\delta]} |g_N(s)| \times 2 \sup_s |f(s)|$$

であるが，仮定 (ii) より N を十分大きく取れば $II < \varepsilon/2$ となり

$$|f(t) - f_N(t)| \leq I(t) + II(t) < \varepsilon$$

が成り立つ．$\varepsilon > 0$ は任意だったから，これは f_N が f に一様収束することを意味する． □

補題 2.13 と定理 2.14 から定理 1.14 は導かれる．また，ポアッソン核の性質 (補題 2.9) と定理 2.14 が定理 2.10 の証明で用いられたことを想い出そう．ついでに注意しておくと，ディリクレ核 $D_N(t)$ は定理 2.14 の条件を満たさない．それは，N がいくら大きくなっても，図 2.8 からも見て取れるように振動が小さくならないからである．重み関数 $G(s)$ が与えられたとき，対応する周期関数 $g_N(t)$ が定理 2.14 の条件を満たすかどうかは，G の <u>なめらかさ</u> によって決まる．これについては，ハン窓の議論とともに，3.10 節で論じる．

2.6 離散フーリエ変換と差分方程式

ここまでは，フーリエ級数展開を「周期関数を数列で表現して解析する道具」と考えて議論をしてきた．しかし，逆にフーリエ級数展開を「数列を周期関数で

表現して解析する道具」と考えることもできる.つまり,数列 $c = \{c[n]\}_{n=-\infty}^{\infty}$ が与えられたとき

$$f(t) = \mathcal{F}^*c(t) = \sum_{n=-\infty}^{\infty} c[n]e^{i\omega nt} \qquad (t \in \mathbb{R})$$

とおいて

$$c[n] = \mathcal{F}f[n] = \frac{1}{T}\int_0^T f(t)e^{-i\omega nt}dt \qquad (n \in \mathbb{Z})$$

により「数列の積分表示」が与えられている,と考えるのである[*1].このような議論をするとき,数列に対して周期関数を対応させる写像 $\mathcal{F}^*$ を**離散フーリエ変換**(discrete Fourier transform)と呼ぶ[*2].$\mathcal{F}^*$ は $\ell^1(\mathbb{Z})$ から連続な周期関数の集合への写像と考えるのが自然だろう[*3].

離散フーリエ変換の一つの応用として,ここでは差分方程式の解法を考えてみよう.$\{\alpha_{-m}, \alpha_{-m+1}, \ldots, \alpha_0, \alpha_1, \ldots, \alpha_m\} \subset \mathbb{C}$ を定数の列とする.このとき,数列 $a = \{a[n]\}$, $b = \{b[n]\}$ に関する方程式

$$(Aa)[n] \equiv \sum_{j=-m}^{m} \alpha_j a[n-j] = b[n] \qquad (n \in \mathbb{Z}) \tag{2.18}$$

を考える.このような形の方程式を**差分方程式**(difference equation)と呼ぶ[*4].差分方程式は,離散的なシステムにおいて,連続なシステムにおける微分方程式と同様の役割を果たし,いろいろな問題で現れる.この両辺を離散フーリエ変換すると (形式的には)

[*1] 周期 T はこの場合は任意に選んでよく,$T = 1$ または 2π とするのが数学的には見やすい.しかし,実用上は T または ω は意味のある定数が自然に決まる場合が多いので,このまま議論をすすめよう.

[*2] この本では有限フーリエ変換と呼んだものを離散フーリエ変換と呼ぶ場合も (特に信号処理の本では) 多い.

[*3] もっと一般に,$\sum |c[n]|^2 < \infty$ を満たす数列の空間からの写像と考えると,$\mathcal{F}^*c$ は平均収束する.しかし,その極限は普通の意味で積分可能な関数になるとは限らない.つまり,$f = \mathcal{F}^*c$ はルベーグ積分の意味で積分可能な関数になり,$\int |f(t)|^2 dt < \infty$ を満たす.この議論にはルベーグ積分の理論が必須なので,ここでは省略する.

[*4] 高校までの数学では漸化式と呼ばれている.

2.6 離散フーリエ変換と差分方程式

$$\mathcal{F}^*Aa(t) = \sum_{j=-m}^{m} \alpha_j \mathcal{F}^*(a[\cdot - j])(t)$$
$$= \Big(\sum_{j=-m}^{m} \alpha_j e^{i\omega nt}\Big)(\mathcal{F}^*a)(t) = (\mathcal{F}^*b)(t)$$

となる．つまり

$$\tilde{A}(t) = \sum_{j=-m}^{m} \alpha_j e^{i\omega nt}$$

とおけば，差分方程式は (形式的に)

$$\tilde{A}(t)(\mathcal{F}^*a)(t) = (\mathcal{F}^*b)(t) \qquad (t \in \mathbb{R})$$

という方程式に書き換えられる．$a, b \in \ell^1(\mathbb{Z})$ と仮定すれば，これは確かに (2.18) と同値な方程式である．実は，$\alpha = \{\alpha_j\} \subset \ell^1(\mathbb{Z})$ と見なせば $\tilde{A} = T\mathcal{F}^*\alpha$ だから，これは定理 2.11 の特別な場合である．

もし，条件

$$\tilde{A}(t) \neq 0 \qquad (t \in \mathbb{R}) \tag{2.19}$$

が満たされれば，$\tilde{A}(t)$ は連続な関数なので $\inf|\tilde{A}(t)| > 0$ であり，$1/\tilde{A}(t)$ は有界連続関数である．さらに，$\tilde{A}(t)$ は三角多項式で解析的だから，$1/\tilde{A}(t)$ も解析的，特になめらかである．$b \in \ell^1(\mathbb{Z})$ が与えられたとして，(2.18) を $a \in \ell^1(\mathbb{Z})$ について解いてみると，解は

$$(\mathcal{F}^*a)(t) = (1/\tilde{A}(t))(\mathcal{F}^*b)(t)$$

となる．両辺に $\mathcal{F}$ を作用させて定理 2.11 をまた用いれば

$$a = \mathcal{F}((1/\tilde{A}) \cdot (\mathcal{F}^*b)) = \mathcal{F}(1/\tilde{A}) * b$$

が分かる．$1/\tilde{A}$ はなめらかなので，$\mathcal{F}(1/\tilde{A}) \in \ell^1(\mathbb{Z})$ である (補題 1.11, または定理 2.2)．以上の議論から，次の結論が得られた．

定理 2.15. 上の記号のもとで，条件 (2.19) が満たされていると仮定する．このとき，任意の $b \in \ell^1(\mathbb{Z})$ に対して，差分方程式 (2.18) の解 a で $\ell^1(\mathbb{Z})$ に属す

るものが一つだけ存在し

$$a = g * b, \qquad g = \mathcal{F}(1/\tilde{A}) \in \ell^1(\mathbb{Z}) \qquad (2.20)$$

で与えられる．

　実は，もっと一般に有界な数列 b が与えられた場合にも (2.20) は (2.18) の唯一つの有界な解を与える．実際，これが解であることは

$$(Ag)[n] = \delta[n]$$

であることに注意すれば，容易に確かめられる．この公式は，両辺を離散フーリエ変換すれば

$$\tilde{A}(t)(1/\tilde{A}(t)) = 1$$

となるから明らかだろう．これが唯一つの解であることの証明はここでは省略する．<u>有界でない解は，他にもたくさん存在する</u>．実際，もし $\alpha_{-m} \neq 0, \alpha_m \neq 0$ であれば，(2.18) の解は $2m$ 次元の線形空間をなす．それは，任意の初期条件 $a[0], a[1], \ldots, a[2m-1]$ を与えて，(2.18) を漸化式として n について (正の方向と負の方向に) 順次解いていくことによって分かる．定理 2.15 の主張は，これらの解のうちで，$\ell^1(\mathbb{Z})$ に入るものが一つだけ見つかる，ということである．

例 2.9. 数列 $a = \{a[n]\}$ に対して

$$\triangle a[n] = a[n+1] + a[n-1] \qquad (n \in \mathbb{Z})$$

で定義される作用素 (写像) $\triangle$ を**差分ラプラシアン**(difference Laplacian) と呼ぶ[*1)]．$\lambda \in \mathbb{C}$ を任意の定数として，差分方程式

$$\triangle a + \lambda a = b$$

を考えよう．このとき，$(\mathcal{F}^*\tilde{\triangle})(t) = 2\cos(\omega t)$ であるので，方程式は

[*1)] 関数や数列の集合に作用する (線形) 写像を，しばしば**作用素**(operator) と呼ぶ．これは「微分作用素」などの用語の一般化である．

2.6 離散フーリエ変換と差分方程式

$$(2\cos(\omega t) + \lambda)\mathcal{F}^*a(t) = \mathcal{F}^*b(t)$$

と書き換えられる[*1]．$b \in \ell^1(\mathbb{Z})$, $\lambda \notin [-2, 2]$ のときは，定理 2.15 の条件 (2.19) が満たされるから

$$a[n] = \mathcal{F}((2\cos(\omega t) + \lambda)^{-1}) * b[n]$$

が方程式の解となる．$g[n] \equiv \mathcal{F}((2\cos(\omega t) + \lambda)^{-1})[n]$ を計算してみよう．

$$g[n] = \frac{1}{T}\int_0^T \frac{e^{-i\omega nt}}{2\cos(\omega t) + \lambda} dt = \frac{1}{2\pi}\int_0^{2\pi} \frac{e^{-ins}}{2\cos s + \lambda} ds$$

である．ここで，変数変換 $s = \omega t$ を行った．$g[-n] = \overline{g[n]}$ だから，$n \geq 0$ として $g[-n]$ を計算する．$z = e^{is}$ とおけば，z は単位円周 γ を正の向きに一周する．また，$dz = iz\, ds$ である．これらから

$$g[-n] = \frac{1}{2\pi}\int_\gamma \frac{z^n}{z + z^{-1} + \lambda} \frac{dz}{iz} = \frac{1}{2\pi i}\int_\gamma \frac{z^n}{z^2 + \lambda z + 1} dz$$

を得る．留数定理を用いて積分を実行しよう．$\lambda > 2$ の場合を最初に考える．

$$z^2 + \lambda z + 1 = \left(z - \frac{-\lambda + \sqrt{\lambda^2 - 4}}{2}\right)\left(z - \frac{-\lambda - \sqrt{\lambda^2 - 4}}{2}\right)$$

であるから，γ 内の極は $(-\lambda + \sqrt{\lambda^2 - 4})/2$．留数を計算すると

$$g[-n] = \mathrm{Res}\left(\frac{z^n}{z^2 + \lambda z + 1}, \frac{-\lambda + \sqrt{\lambda^2 - 4}}{2}\right)$$
$$= \frac{1}{\sqrt{\lambda^2 - 4}} \cdot \left(\frac{-\lambda + \sqrt{\lambda^2 - 4}}{2}\right)^n.$$

ここで，$\sqrt{\lambda^2 - 4}$ の $\mathbb{C} \setminus [-2, 2]$ で正則な分枝を選べば，解析接続によりこの公式は任意の $z \in \mathbb{C} \setminus [-2, 2]$ について成り立つことが分かる．つまり

$$g[n] = \frac{1}{\sqrt{\lambda^2 - 4}} \cdot \left(\frac{-\lambda + \sqrt{\lambda^2 - 4}}{2}\right)^{|n|} \quad (n \in \mathbb{Z}, \lambda \in \mathbb{C} \setminus [-2, 2]).$$

この g により，方程式の解は $a = g * b$ と書ける．$g[n]$ は $|n| \to \infty$ のとき指数的に減少することに注意しよう．

[*1] この公式は，(2.17) ですでに見た．

さて，上の例で $\lambda \in [-2, 2]$ の場合はどうなるだろうか？ 2.1 節の計算と同様に考えると
$$\triangle a + \lambda a = 0 \tag{2.21}$$
の解が
$$(2\cos(\omega t) + \lambda)(\mathcal{F}^* a)(t) = 0$$
を解くことにより得られるように思われる．しかし，$2\cos(\omega t) + \lambda = 0$ を満たす t は，周期ごとに 2 点しかなく，$(\mathcal{F}^* a)(t)$ は 2 点だけに台を持つ関数となる．そのような関数のフーリエ係数はもちろん 0 になるので，0 以外の解は得られない．実際，$\ell^1(\mathbb{Z})$ に入るような (2.21) の解は 0 以外存在しない．しかし，$\theta \in [0, \pi]$ を $2\cos\theta = \lambda$ を満たすように取ると
$$a_{\pm}[n] = e^{\pm i\theta n} \qquad (n \in \mathbb{Z})$$
は (2.21) を満たすことが簡単に確かめられる．今まで学んだ手法の範囲では，離散フーリエ変換を用いてこの解を見つけることはできない．しかし，超関数の言葉を用いることにより，この解も「デルタ関数」のフーリエ係数であることが分かり，同じように計算できるのである．

2.7 離散時間信号処理とフィルター

離散フーリエ変換が極めて重要な役割を果たす応用分野として，いわゆるディジタル信号処理(digital signal processing)，あるいは**離散時間信号処理**(discrete-time signal processing) があげられる．ここでは，離散フーリエ変換がこの分野でどのように用いられるかを，フィルターを例に眺めてみよう．

数列 $c = \{c[n]\}_{n=-\infty}^{\infty}$ は，離散的な時間ごとにサンプル (測定) された量と考えて，**離散時間信号**(discrete-time signal) と呼ばれる[*1)]．離散時間信号 c に対して，離散時間信号 $A(c)$ を対応させる写像 A は，次の性質を満たすときフィ

[*1)] ディジタル信号 (digital signal) と呼ばれることも多いが，これは正確ではない．厳密には，$\{c[n]\}$ の値の集合も離散的にした場合にディジタル信号と呼ばれる．この場合は，線形代数で直接扱うことができないので，議論が煩雑になる．我々はディジタル信号については考えない．

ルター(filter) と呼ばれる[*1].

1) A は線形. つまり, c, d が離散時間信号, $\alpha, \beta \in \mathbb{C}$ ならば

$$A(\alpha c + \beta d) = \alpha A(c) + \beta A(d).$$

2) A は**時不変**(time-invariant). つまり, V を平行移動

$$(Vc)[n] = c[n-1] \qquad (n \in \mathbb{Z})$$

とするとき, 任意の離散時間信号 c について

$$A(Vc) = V(A(c)).$$

A がフィルターのとき, A は線形写像なので行列と同じように $A(c) = Ac$ と書こう. フィルター A の**インパルス・レスポンス**(impulse response) $\{h[n]\}$ は

$$h[n] = (A\delta)[n] \qquad (n \in \mathbb{Z})$$

で与えられる. ただし, $\delta[n]$ はクロネッカーのデルタ記号である. 以下では, $\{h[n]\}$ が有界数列である場合だけを考えよう. すると, 任意の $c \in \ell^1(\mathbb{Z})$ に対して (形式的には)

$$\begin{aligned}(Ac)[n] &= A\Big(\sum_{n=-\infty}^{\infty} c[m] V^m \delta\Big)[n] \\ &= \sum_m c[m](AV^m \delta)[n] = \sum_m c[m](V^m A\delta)[n] \\ &= \sum_m c[m] h[n-m] = (h*c)[n]\end{aligned}$$

がしたがう[*2]. つまり, A はインパルス・レスポンス h だけで決定し

[*1] 正確には, **線形フィルター**(linear filter) と呼ぶべきだろう. 非線形のフィルターを考える場合もある. 非線形フィルターを nonfilter と呼ぶ流儀もある.

[*2] 簡単に示せる次の公式:

$$c[n] = \sum_m c[m] \delta[n-m] = \sum_m c[m](V^m \delta)[n]$$

を用いた.

$$Ac = h * c$$

と書ける[*1]．

$n < 0$ に対して $h[n] = 0$ であるとき，A は**因果的**(causal)であると呼ばれる．また，有限個の n を除いて $h[n] = 0$ であるとき，A は **FIR フィルター**(Finite Impulse Response filter) と呼ばれ，そうでないときは，**IIR フィルター**(Infinite Impulse Response filter) と呼ばれる．実用的に用いられるフィルターの多くは FIR フィルターであるか，IIR フィルターでも $n \to \infty$ で $h[n]$ が指数的に減少するような因果的なフィルターである．

c を離散時間信号とするとき，離散フーリエ変換 $\mathcal{F}^*c$ は c の**スペクトル**(spectrum)と呼ばれ，$(\mathcal{F}^*c)(t)$ の変数 t は周波数と見なされる．$\mathcal{F}^*c$ は周期関数だから，離散時間信号の周波数領域は，区間 $[-T/2, T/2]$ であると考えるのが自然である．そうすると，$(\mathcal{F}^*c)(t)$ あるいは，その絶対値 $|(\mathcal{F}^*c)(t)|$ は c の周波数の分布を表している[*2]．さて，上の公式と定理 2.11 によれば

$$\mathcal{F}^*(Ac)(t) = \mathcal{F}^*(h*c)(t) = (\mathcal{F}^*h)(t) \cdot (\mathcal{F}^*c)(t)$$

である．つまり，フィルター A は，離散フーリエ変換によって，周波数領域でのかけ算作用素に書き換えられる．$(\mathcal{F}^*h)(t)$（またはその絶対値 $|(\mathcal{F}^*h)(t)|$）は A の**周波数特性**(frequency response)と呼ばれ，フィルターを特徴付ける基本的な量である．実際，フィルターは求める周波数特性に合わせて設計される場合が多い．

例 2.10 (ローパス・フィルター)．$T = 2\pi$ とする．$0 < \alpha < \pi$ として

$$(\mathcal{F}^*h_\alpha)(t) = \begin{cases} 1 & (-\alpha < t < \alpha), \\ 0 & (-\pi < t < -\alpha \text{ または } \alpha < t < \pi) \end{cases}$$

であるようなフィルター A_α を**理想ローパス・フィルター**(ideal low-pass filter)

[*1] この計算は，注意したように形式的である．無限和と A を交換するためには，A に何らかの「連続性」を仮定する必要がある．実際には，$Ac = h*c$ で A が定義されていると考えるのが自然な場合が多い．そうすると，A の性質，特に連続性はインパルス・レスポンス $\{h[n]\}$ の性質から導かれる

[*2] $|(\mathcal{F}^*c)(t)|$ は**スペクトル振幅**(spectrum amplitude)と呼ばれる．

と呼ぶ．A_α のインパルス・レスポンスは，$n \neq 0$ のときは

$$h_\alpha[n] = \mathcal{F}(\mathcal{F}^*h_\alpha)[n] = \frac{1}{2\pi}\int_{-\alpha}^{\alpha}e^{int}dt$$
$$= \frac{1}{2\pi}\frac{2i\sin(n\alpha)}{in} = \frac{1}{\pi}\frac{\sin(n\alpha)}{n}$$

である．また，容易に分かるように，$h_\alpha[0] = \alpha/\pi$．これを用いて，理想ローパス・フィルター A_α は

$$(A_\alpha c)[n] = \frac{1}{\pi}\sum_{m=-\infty}^{\infty}\frac{\sin(m\alpha)}{m}c[n-m]$$

と書くことができる．ただし，$m = 0$ のときは $\sin(\alpha 0)/(0) = \alpha$ と考える．しかし，h_α は ℓ^1-条件を満たさないし，実際上用いる[*1)]ことができる形をしていない．これを FIR フィルターで近似することを考えよう．最初に思いつくのは，$h_\alpha[n]$ を有限項で切ってしまう，つまり

$$(A_\alpha^N c)[n] = \frac{1}{\pi}\sum_{m=-N}^{N}\frac{\sin(m\alpha)}{m}c[n-m]$$

とする近似であろう．これは，フーリエ級数の部分和 S_N に対応している．A_α^N の周波数特性は，

$$(\mathcal{F}^*h_\alpha^N)(t) = \frac{\alpha}{\pi} + \frac{2}{\pi}\sum_{m=1}^{N}\frac{\sin(m\alpha)}{m}\cos(mt)$$

で与えられるが，これは不連続関数のフーリエ部分和なのでギッブス現象を示し，N を大きくしても不連続点 $\pm\alpha$ の近くの誤差は小さくならない．これは実用上「望ましくない」挙動と考えられる (図 2.10)．

なにが「良い」近似であるかは問題の性質に依存するので簡単にはいえないが，不連続点から離れたところでは一様に収束し，不連続点の近くではオーバーシュートなどの奇妙な挙動の少ないことが望ましいと考えられる．このような奇妙な挙動を避けるために，1.10 節で説明した窓関数が用いられる．つまり，$G(s)$ を 1.10 節で定義されたような窓関数として

[*1)] 「実装する」と表現される．

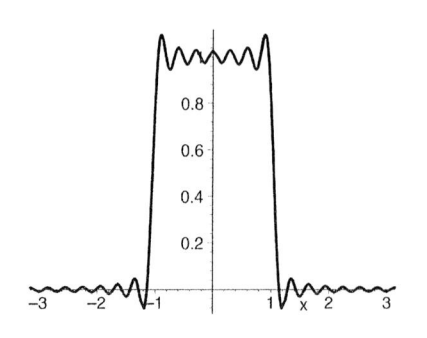

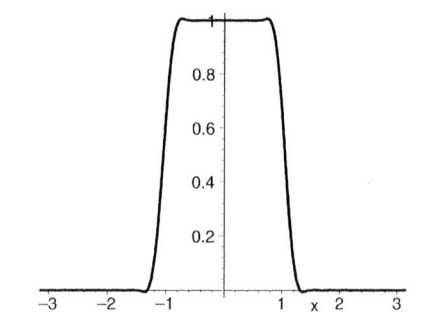

図 2.10 $\alpha = \pi/3$, $N = 20$ としたときの A_α^N の周波数特性

図 2.11 $\alpha = \pi/3$, $N = 20$ としてハン窓を用いたときの $A_\alpha^{N,G}$ の周波数特性

$$(A_\alpha^{N,G}c)[n] = \frac{1}{\pi}\sum_{m=-N}^{N} G\Big(\frac{m}{N}\Big)\frac{\sin(m\alpha)}{m}c[n-m]$$

とおく.つまり,インパルス・レスポンスが

$$h_\alpha^{N,G}[n] = G\Big(\frac{m}{N}\Big)\frac{\sin(m\alpha)}{m}$$

であるようなフィルターを考えることにしよう.すると,定理 2.12 により,$A_\alpha^{N,G}$ の周波数特性は

$$(\mathcal{F}^* h_\alpha^{N,G})(t) = 2\pi \mathcal{F}^*(G(\cdot/N)) * (\mathcal{F}^* h_\alpha)(t)$$

で与えられる.重み関数 $G(s)$ としては,ハン窓などがよく用いられる (図 2.11).

3

1変数のフーリエ変換

　この章では，実数全体 $\mathbb{R}$ で定義された関数についての，フーリエ級数展開のアナロジーである「フーリエ変換」について学ぶ．最初に，フーリエ級数の極限としてフーリエ級数を形式的に導入する．3.2 節では，あらためてフーリエ変換を定義し，基本的な性質について調べる．以下，基本的な実例や反転公式，プランシェレルの定理などについて見ていく．多くの議論はフーリエ級数展開とよく似ているが，無限和が積分に置き換わったことにより技術的に煩雑になる部分もある．最後に，簡単な偏微分方程式への応用と，フーリエ級数の部分和の収束への応用を述べる．

3.1　導　　　入

　ここまでで学んだフーリエ級数は，周期 T の周期関数 $f(t)$ を

$$f(t) = \sum_{n=-\infty}^{\infty} c[n] e^{i\omega n t}, \qquad \omega = \frac{2\pi}{T}$$

の形で展開するものであった．つまり，周期関数は「単振動」$e^{i\omega n t}$ の重ね合わせとして書くことができる．では，もし $f(t)$ が実数直線 $\mathbb{R}$ 上の関数で，周期が分からない，あるいは周期的ではない場合に，同じように f を単振動 $e^{i\xi t}$ ($x \in \mathbb{R}$) の重ね合わせで書けるだろうか？「波数」ξ は $\xi = n\omega$ の形に限定されないから，$\mathbb{R}$ 全体を動かなければならない．すなわち

$$f(t) \sim \sum_{\xi \in \mathbb{R}} c[\xi] e^{i\xi t}$$

の形に書くことになる．連続な変数に関して和を取ることは(普通には)できないので，この試みはうまくいかない．そこで，無限和を積分で置き換えて

$$f(t) = \int_{-\infty}^{\infty} g(\xi) e^{i\xi t} d\xi$$

の形に関数を表現することを考える．これがフーリエ変換のアイデアである．注意すべきことは，フーリエ変換はフーリエ級数の拡張ではない，ということである．和を積分に置き換えたことによって，実はフーリエ変換で表現できる関数の集まりはフーリエ級数で表現できる関数の集まりとは違った集合になる．特に，周期関数はフーリエ変換で表現できない[*1)]．大まかにいえば，フーリエ変換を用いて表現できる関数は，$t \to \pm\infty$ で十分早く 0 に近づくような関数である．

以下この節では，f を有界な台を持つ $\mathbb{R}$ 上の連続な関数として，フーリエ級数展開の極限としてフーリエ変換を(形式的に)導入しよう．$T = 2N\pi$ とする．N を十分大きく取って，f の台が $[-N\pi, N\pi]$ に含まれるようにする．するとフーリエ級数展開により

$$f(t) = \sum_{n=-\infty}^{\infty} c[n] e^{i\omega n t}, \qquad c[n] = \frac{1}{2\pi N} \int_{-N\pi}^{N\pi} f(t) e^{-i\omega n t} dt$$

と書くことができる．ただし，$\omega = 2\pi/T = 1/N$ であり，$t \in [-N\pi, N\pi]$ においてこの公式は成り立つ．そこで，$\xi \in \mathbb{R}$ に対して

$$\hat{f}(\xi) = \frac{1}{\sqrt{2\pi}} \int_{-\infty}^{\infty} f(t) e^{-i\xi t} dt$$

と書くことにすれば，上のフーリエ級数展開は

$$f(t) = \frac{1}{\sqrt{2\pi}} \cdot \frac{1}{N} \sum_{n=-\infty}^{\infty} \hat{f}\left(\frac{n}{N}\right) e^{i(n/N)t} \qquad (t \in [-N\pi, N\pi])$$

と書き換えられる．収束について細かいことを気にしないことにすれば，$N \to \infty$ のとき，右辺の無限和の極限は実数直線上での積分になる．つまり，$n/N = \xi$

[*1)] 後で見るように，超関数のフーリエ変換を用いれば，周期関数もフーリエ変換で表現できる．しかし，この場合 $g(\xi)$ は普通の関数ではない．

と考えて
$$f(t) = \frac{1}{\sqrt{2\pi}} \int_{-\infty}^{\infty} \hat{f}(\xi) e^{i\xi t} d\xi$$
が導かれる．これが，f の「フーリエ変換」$\hat{f}$ による展開である．

以上の議論は f の台が有界の場合であり，また収束については気にしない，形式的な計算であった．これを一般化，正当化し，その性質について学ぶのがこの章の目的である．

3.2　フーリエ変換の定義

まず，フーリエ変換を定義するために，次のような用語を導入しよう．

定義 3.1. f を $\mathbb{R}$ 上の関数で，任意の有限区間上で広義積分が存在するようなものとする (例えば，有限個の点を除いて連続な有界関数は条件を満たす)．このとき，f が**可積分** (integrable) であるとは
$$\int_{-\infty}^{\infty} |f(t)| dt = \lim_{R \to \infty} \int_{-R}^{R} |f(t)| dt < \infty$$
を満たすこととする．f が可積分であることを，L^1-条件を満たす，ともいい，$f \in L^1(\mathbb{R})$ と書くこともある[*1)].

定義 3.2. f が可積分な $\mathbb{R}$ 上の関数のとき，
$$\hat{f}(\xi) = (\mathfrak{F}f)(\xi) = \frac{1}{\sqrt{2\pi}} \int_{-\infty}^{\infty} f(t) e^{-it\xi} dt \qquad (\xi \in \mathbb{R}),$$
$$\check{f}(t) = (\mathfrak{F}^* f)(t) = \frac{1}{\sqrt{2\pi}} \int_{-\infty}^{\infty} f(\xi) e^{it\xi} d\xi \qquad (t \in \mathbb{R})$$
と定義する．$\hat{f} = \mathfrak{F}f$ は f の**フーリエ変換**(Fourier transform)，$\check{f} = \mathfrak{F}^* f$ は f の**逆フーリエ変換**(inverse Fourier transform) と呼ばれる．

[*1)] 厳密にいえば，上の条件を満たす関数全体の集合が $L^1(\mathbb{R})$ な訳では ない．$L^1(\mathbb{R})$ はルベーグ積分の意味で可測であり，$\int |f(t)| dt < \infty$ を満たす関数全体の集合である．

写像 $\mathfrak{F}, \mathfrak{F}^*$ 自身も，それぞれフーリエ変換，逆フーリエ変換と呼ばれる，関数に関数を対応させる写像である．$\hat{f}, \check{f}$ は，それぞれ $\mathfrak{F}f$ と $\mathfrak{F}^*f$ の略記法である．前節で説明したように

$$\mathfrak{F}^*\mathfrak{F}f(t) = f(t)$$

であることを我々は示したい．$\mathfrak{F}$ と $\mathfrak{F}^*$ は，互いに他の複素共役なので，上が示されれば，

$$\mathfrak{F}\mathfrak{F}^*f(\xi) = f(\xi)$$

もしたがう．つまり，$\mathfrak{F}^*$ は $\mathfrak{F}$ の逆写像である．すなわち $\mathfrak{F}^* = \mathfrak{F}^{-1}$ となるはずである．これらの公式は，フーリエ変換の**反転公式** (inversion formula) と呼ばれる．このように，フーリエ変換は，ほとんど同じ形をした逆作用素を持つ[*1]．

次の命題は，定義より容易に導かれる．証明は省略する．

命題 3.1. (i) $\mathfrak{F}, \mathfrak{F}^*$ は線形写像である．つまり，f, g を可積分関数，$\alpha, \beta \in \mathbb{C}$ とすると[*2]

$$\mathfrak{F}[\alpha f + \beta g](\xi) = \alpha \hat{f}(\xi) + \beta \hat{g}(\xi),$$
$$\mathfrak{F}^*[\alpha f + \beta g](t) = \alpha \check{f}(t) + \beta \check{g}(t).$$

(ii) $\tilde{f}(t) = f(-t)$ と書くことにすれば

$$(\mathfrak{F}\tilde{f})(\xi) = \hat{f}(-\xi) = \overline{(\mathfrak{F}\overline{f})(\xi)}$$

である．特に，f が実数値偶関数ならば，$\hat{f}$ も実数値偶関数，f が実数値奇関数ならば $\hat{f}$ は純虚数値奇関数である．$\mathfrak{F}^*$ についても同様の性質が成り立つ．

また，定義から直ちに分かるように，f が可積分関数ならば

[*1] ユニタリー行列との類似に注意してほしい．
[*2] 関数 f のフーリエ変換を $\mathfrak{F}f = \mathfrak{F}[f]$ と書いた．関数と変数との混同を避けるために，以下も同様の表記を用いることがある．

$$|\hat{f}(\xi)| \leq \frac{1}{\sqrt{2\pi}} \int_{-\infty}^{\infty} |f(t)|dt < \infty \qquad (\xi \in \mathbb{R})$$

だから，$\hat{f}$ は有界な関数である．実はさらに，$\hat{f}$ は連続関数であることが分かる．

命題 3.2. f が可積分関数のとき，$\hat{f}, \check{f}$ は有界な連続関数である．

証明．$\hat{f}$ が有界なことは上に見たから，連続であることだけ示せばよい．$\varepsilon > 0$ を任意の小さな数としよう．$R > 0$ を十分大きく選んで

$$\frac{1}{\sqrt{2\pi}} \int_{|t|\geq R} |f(t)|dt < \frac{\varepsilon}{3}$$

となるようにする．一方，すべての $\xi, \eta \in \mathbb{R}$ について

$$|e^{-it\xi} - e^{-it\eta}| = \left| \int_{\eta}^{\xi} (-it)e^{-its} ds \right| \leq |t| \cdot |\xi - \eta|$$

が成り立つ．この式を $-R$ から R まで積分して

$$\left| \frac{1}{\sqrt{2\pi}} \int_{-R}^{R} f(t)e^{-it\xi} dt - \frac{1}{\sqrt{2\pi}} \int_{-R}^{R} f(t)e^{-it\eta} dt \right|$$
$$\leq \frac{1}{\sqrt{2\pi}} \int_{-R}^{R} |e^{-it\xi} - e^{-it\eta}| |f(t)|dt \leq \frac{R}{\sqrt{2\pi}} |\xi - \eta| \int_{-R}^{R} |f(t)|dt$$

が得られる．そこで

$$|\xi - \eta| \leq \delta \equiv \frac{\varepsilon}{3} \cdot \left(\frac{R}{\sqrt{2\pi}} \int_{-R}^{R} |f(t)|dt \right)^{-1}$$

と仮定すれば，

$$|\hat{f}(\xi) - \hat{f}(\eta)| \leq \left| \frac{1}{\sqrt{2\pi}} \int_{|t|\geq R} f(t)e^{-it\xi} dt \right| + \left| \frac{1}{\sqrt{2\pi}} \int_{|t|\geq R} f(t)e^{-it\eta} dt \right|$$
$$+ \left| \frac{1}{\sqrt{2\pi}} \int_{-R}^{R} f(t)e^{-it\xi} dt - \frac{1}{\sqrt{2\pi}} \int_{-R}^{R} f(t)e^{-it\eta} dt \right|$$
$$\leq 3 \times \frac{\varepsilon}{3} = \varepsilon$$

が成り立つ．$\varepsilon > 0$ は任意定数だったから，これは $\hat{f}$ が (一様に) 連続であることを意味している．$\check{f}$ についても全く同様である． □

3.3 基本的な例

この節では,いくつかの基本的な例を計算してみよう.特に例 3.3 は,反転公式の証明でも用いられる.

例 3.1. $f_1(t) = e^{-\alpha|t|}$, $(\alpha > 0)$ を考えよう. $\xi \in \mathbb{R}$ として

$$\hat{f}_1(\xi) = \frac{1}{\sqrt{2\pi}} \int_{-\infty}^{\infty} e^{-\alpha|t|} e^{-it\xi} dt$$

$$= \frac{1}{\sqrt{2\pi}} \left(\int_0^{\infty} e^{-(\alpha+i\xi)t} + \int_{-\infty}^0 e^{(\alpha-i\xi)t} dt \right)$$

$$= \frac{1}{\sqrt{2\pi}} \left(\left[\frac{-e^{-(\alpha+i\xi)t}}{\alpha + i\xi} \right]_0^{\infty} + \left[\frac{e^{(\alpha-i\xi)t}}{\alpha - i\xi} \right]_{-\infty}^0 \right)$$

$$= \frac{1}{\sqrt{2\pi}} \left(\frac{1}{\alpha + i\xi} + \frac{1}{\alpha - i\xi} \right) = \frac{1}{\sqrt{2\pi}} \cdot \frac{2\alpha}{\alpha^2 + \xi^2}.$$

同様に,複素共役を取ることにより

$$\check{f}_1(t) = \frac{1}{\sqrt{2\pi}} \cdot \frac{2\alpha}{\alpha^2 + t^2} \qquad (t \in \mathbb{R})$$

も得られる.

例 3.2. $f_2(t) = 1/(\alpha^2 + t^2)$, $(\alpha > 0)$ を考える.すると,定義より

$$\hat{f}_2(\xi) = \frac{1}{\sqrt{2\pi}} \int_{-\infty}^{\infty} \frac{e^{-it\xi}}{\alpha^2 + t^2} dt$$

である.この積分を,留数を用いて計算しよう. $\xi > 0$ の場合をまず考える.このとき, $\frac{e^{-it\xi}}{\alpha^2+t^2}$ の極が $\pm i\alpha$ であることに注意して,図 3.1 のような経路で積分を行い,留数定理を用いる.そして $R \to \infty$ での極限を取ることにより

$$\hat{f}_2(\xi) = \frac{1}{\sqrt{2\pi}} \cdot (-2\pi i) \cdot \text{Res}\left(\frac{e^{-iz\xi}}{\alpha^2 + z^2}, -i\alpha \right)$$

$$= \sqrt{2\pi}(-i) \cdot \frac{e^{-\alpha\xi}}{-2i\alpha} = \frac{\sqrt{2\pi}}{2\alpha} e^{-\alpha\xi}$$

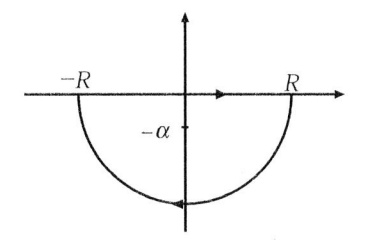

図 **3.1** 例 3.2 の複素積分の経路

を得る．同様にして，$\xi < 0$ のときは $\hat{f}_2(\xi) = \frac{\sqrt{2\pi}}{2\alpha} e^{\alpha\xi}$ なので，合わせて

$$\varphi_2(\xi) = \frac{\sqrt{2\pi}}{2\alpha} e^{-\alpha|\xi|} \qquad (x \in \mathbb{R})$$

が分かる．複素共役を取って

$$\check{f}_2(t) = \frac{\sqrt{2\pi}}{2\alpha} e^{-\alpha|t|} \qquad (t \in \mathbb{R})$$

もしたがう．

例 3.1 と例 3.2 を組み合わせると

$$\hat{f}_1(\xi) = \frac{2\alpha}{\sqrt{2\pi}} f_2(\xi), \quad \check{f}_2(t) = \frac{\sqrt{2\pi}}{2\alpha} f_1(t)$$

である．したがって

$$\mathfrak{F}^*\mathfrak{F} f_1(t) = f_1(t)$$

がしたがう．同様に

$$\mathfrak{F}\mathfrak{F}^* f_1 = f_1, \quad \mathfrak{F}^*\mathfrak{F} f_2 = \mathfrak{F}\mathfrak{F}^* f_2 = f_2$$

も分かる．つまり，f_1, f_2 に関しては反転公式は確かに成り立っている．

例 3.3 (ガウス関数). $f_3 = e^{-\lambda^2 t^2/2}, (\lambda > 0)$ を考える．すると

$$-\frac{\lambda^2 t^2}{2} - it\xi = -\frac{\lambda^2}{2}\left(t + \frac{i\xi}{\lambda^2}\right)^2 - \frac{\xi^2}{2\lambda^2}$$

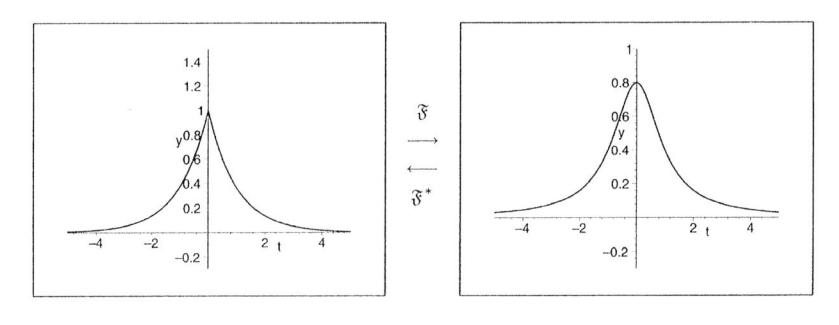

図 3.2 例 3.1, 3.2 のフーリエ変換. 左が $e^{-|t|}$, 右が $(2\pi)^{-1/2}(1+\xi^2)^{-1}$.

なので

$$\hat{f}_3(\xi) = \frac{1}{\sqrt{2\pi}} \int_{-\infty}^{\infty} e^{-\lambda^2 t^2/2} e^{-it\xi} dt$$

$$= \frac{1}{\sqrt{2\pi}} \int_{-\infty}^{\infty} e^{-\frac{\lambda^2}{2}(t+\frac{i\xi}{\lambda^2})^2} e^{-\xi^2/2\lambda^2} dt$$

となる. ここで, コーシーの積分定理を用いて, t に関する $\mathbb{R}$ 上での積分を $\{t - i\xi/\lambda^2 \mid t \in \mathbb{R}\}$ での複素積分に変形すれば

$$\hat{f}_3(\xi) = \frac{1}{\sqrt{2\pi}} e^{-\xi^2/2\lambda^2} \int_{-\infty}^{\infty} e^{-\lambda^2 t^2/2} dt$$

となる. 最後に残った積分は, よく知られたガウス積分で, $\sqrt{2\pi}/\lambda$ となる[*1)]. したがって

$$\hat{f}_3(\xi) = \frac{1}{\lambda} e^{-\xi^2/2\lambda^2}, \qquad \check{f}_3(t) = \frac{1}{\lambda} e^{-t^2/2\lambda^2}$$

が得られる. λ を $1/\lambda$ に置き換えれば,

$$\mathfrak{F}^*\big[e^{-\xi^2/2\lambda^2}\big](t) = \lambda e^{-\lambda^2 t^2/2}, \qquad \mathfrak{F}\big[e^{-t^2/2\lambda^2}\big](\xi) = \lambda e^{-\lambda^2 \xi^2/2}$$

[*1)] 念のため計算しておこう. $\lambda t = s$ と変数変換して

$$\int e^{-\lambda^2 t^2/2} dt = \frac{1}{\lambda} \int e^{-s^2/2} ds = \frac{1}{\lambda} \left(\int\int e^{-(x^2+y^2)/2} dx dy \right)^{1/2}$$

$$= \frac{1}{\lambda} \left(\int_0^{\infty} e^{-r^2/2} 2\pi r \, dr \right)^{1/2} = \frac{\sqrt{2\pi}}{\lambda}$$

3.3 基本的な例

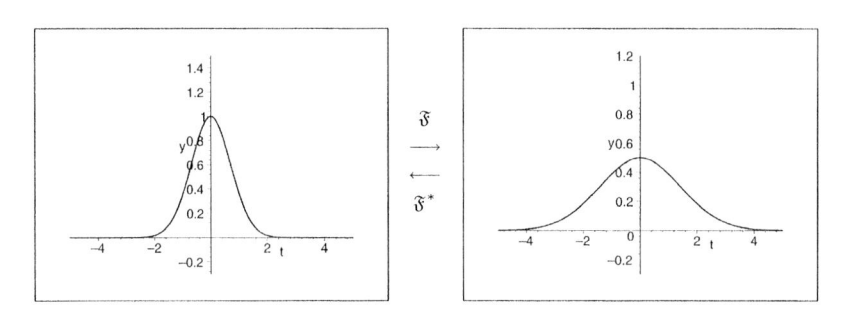

図 3.3 ガウス関数のフーリエ変換. 左が e^{-t^2}, 右が $2^{-1}e^{-t^2/4}$.

が得られるから，f_3 についても反転公式が成り立っていることが容易に確かめられる．

例 3.4. f_4 として，区間 $I = [-a, a]$ の定義関数

$$f_4(t) = \begin{cases} 1 & (t \in [-a, a]), \\ 0 & (t \notin [-a, a]) \end{cases}$$

を考えてみよう．すると

$$\hat{f}_4(\xi) = \frac{1}{\sqrt{2\pi}} \int_{-a}^{a} e^{-it\xi} dt = \frac{1}{\sqrt{2\pi}} \left[\frac{e^{-it\xi}}{-i\xi} \right]_{-a}^{a}$$
$$= \frac{1}{\sqrt{2\pi}} \cdot \frac{e^{-ia\xi} - e^{ia\xi}}{-i\xi} = \frac{2a}{\sqrt{2\pi}} \cdot \frac{\sin(a\xi)}{a\xi}$$

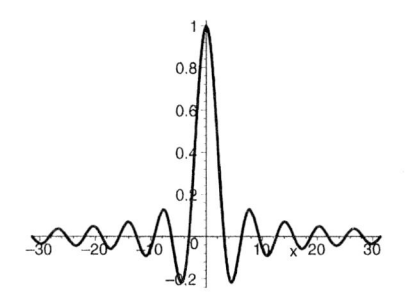

図 3.4 sinc 関数

となる．$\mathrm{sinc}(t) = (\sin t)/t$ は，sinc 関数と呼ばれる．これを用いると

$$\hat{f}_4(\xi) = \frac{2a}{\sqrt{2\pi}} \mathrm{sinc}(a\xi)$$

と書くことができる．sinc 関数は可積分関数ではないことに注意しよう．つまり，$\hat{f}_4$ の逆フーリエ変換は直接計算することはできない．したがって特に，反転公式は (このままの形では) 成立しないことが分かる[*1)]．

3.4 反 転 公 式

この節では，f と $\hat{f}$ がどちらも可積分であるという仮定の下で反転公式を証明しよう．最初に，無限区間の積分の定義を少し変形することによって，反転公式が成立するようにできることを見よう．

定理 3.3. f が有界連続で可積分とする．このとき

$$f(t) = \lim_{\varepsilon \to 0} \frac{1}{\sqrt{2\pi}} \int_{-\infty}^{\infty} e^{-\varepsilon^2 \xi^2/2} e^{it\xi} \hat{f}(\xi) d\xi \qquad (t \in \mathbb{R}).$$

注意 3.2. この公式の右辺は，積分と極限の交換ができれば $\mathfrak{F}^* \hat{f}(t)$ に等しい．しかし，$\mathfrak{F}^* \hat{f}(t)$ の定義の無限積分 (広義積分) は

$$\mathfrak{F}^* \hat{f}(t) = \lim_{R \to \infty} \frac{1}{\sqrt{2\pi}} \int_{-R}^{R} e^{it\xi} \hat{f}(\xi) d\xi$$

で定義されているから，必ずしも同じ極限を持つとは限らないことに注意しよう．

証明． 最初に $\varepsilon > 0$ を固定して計算をする．すると

$$\frac{1}{\sqrt{2\pi}} \int_{-\infty}^{\infty} e^{-\varepsilon^2 \xi^2/2} e^{it\xi} \hat{f}(\xi) d\xi = \frac{1}{2\pi} \int\int e^{-\varepsilon^2 \xi^2/2} e^{i(t-s)\xi} f(s) ds d\xi$$

である．この右辺を $I(\varepsilon, t)$ と書くことにしよう．すると

$$\int\int e^{-\varepsilon^2 \xi^2/2} |f(s)| ds d\xi < \infty$$

[*1)] sinc 関数とディリクレ核 $D_N(x)$ (図 2.8) はよく似ている．これは偶然ではない．この意味については 3.10 節で説明される．

であるから，重積分の順序の交換ができる．したがって

$$I(\varepsilon, t) = \int \left(\frac{1}{2\pi} \int e^{-\varepsilon^2 \xi^2/2} e^{i(t-s)\xi} d\xi \right) f(s) ds$$
$$= \int \rho(\varepsilon, t-s) f(s) ds \qquad (3.1)$$

と書ける．ここで

$$\rho(\varepsilon, t) = \frac{1}{2\pi} \int_{-\infty}^{\infty} e^{-\varepsilon^2 \xi^2/2} e^{it\xi} d\xi$$

とおいた．つまり，$\rho(\varepsilon, t)$ は $e^{-\varepsilon^2 \xi^2/2}$ の逆フーリエ変換の $(2\pi)^{-1/2}$ 倍である．これは，例 3.3 で計算したように

$$\rho(\varepsilon, t) = \frac{1}{\varepsilon\sqrt{2\pi}} e^{-t^2/2\varepsilon^2}$$

である．$\rho(\varepsilon, t)$ は次のような性質を持つ．

1) $\rho(\varepsilon, t) \geq 0 \ (\forall t)$.
2) $\int \rho(\varepsilon, t) dt = 1$. 実際，$t/\varepsilon = s$ とおくことにより

$$\int \rho(\varepsilon, t) dt = \frac{1}{\sqrt{2\pi}} \int e^{-s^2/2} ds = 1.$$

3) 任意の $\delta > 0$ に対して

$$\lim_{\varepsilon \to 0} \int_{|t| \geq \delta} \rho(\varepsilon, t) dt = 0.$$

なぜなら，2) と同様の変数変換により

$$\int_{|t| \geq \delta} \rho(\varepsilon, t) dt = \frac{1}{\sqrt{2\pi}} \int_{|t| \geq \delta/\varepsilon} e^{-s^2/2} ds \longrightarrow 0 \quad (\varepsilon \to 0)$$

であることが分かる．

さて，定理 2.14 とほぼ同様に，次のような定理が成り立つ．

定理 3.4. $g_\varepsilon(t) \ (\varepsilon > 0, t \in \mathbb{R})$ を，ε をパラメーターとする $\mathbb{R}$ 上の有界連続関数で，次の条件を満たすものとする．
(i) ある定数 $M > 0$ が存在して，任意の $\varepsilon > 0$ について

$$\int_{-\infty}^{\infty} g_\varepsilon(t)dt = 1, \qquad \int_{-\infty}^{\infty} |g_\varepsilon(t)|dt \leq M.$$

(ii) 任意の $\delta > 0$ に対して
$$\lim_{\varepsilon \to 0} \int_{|t| \geq \delta} |g_\varepsilon(t)|dt = 0.$$

このとき，任意の有界な連続関数 f について
$$\lim_{\varepsilon \to 0} \int_{-\infty}^{\infty} g_\varepsilon(t-s)f(s)ds = f(t) \qquad (t \in \mathbb{R}).$$

さて，定理 3.4 の証明の前に定理 3.3 の証明を終わらせておこう．$\rho(\varepsilon, t)$ は定理 3.4 の条件を満たすので，定理 3.3 は定理 3.4 と (3.1) より直ちに導かれる． □

定理 3.4 の証明．証明は，定理 2.14 とほとんど同じようにしてできるが，念のためもう一度計算してみよう．$t \in \mathbb{R}$ を固定し，$\varepsilon > 0$ とすると，仮定 (i) の初めの等式を用いて

$$f(t) - \int_{-\infty}^{\infty} g_\varepsilon(t-s)f(s)ds = \int_{-\infty}^{\infty} g_\varepsilon(s)f(t)ds - \int_{-\infty}^{\infty} g_\varepsilon(s)f(t-s)ds$$
$$= \int_{-\infty}^{\infty} g_\varepsilon(s)(f(t) - f(t-s))ds$$

と書ける．$a > 0$ を小さな数として固定する．f は t で連続だから，$\delta > 0$ を十分小さく取れば，すべての $t \in \mathbb{R}$ に対して

$$|f(t) - f(t-s)| < a/2M \qquad (|s| < \delta)$$

が成り立つようにできる．すると

$$\left| f(t) - \int_{-\infty}^{\infty} g_\varepsilon(t-s)f(s)ds \right| = \left| \int_{-\infty}^{\infty} g_\varepsilon(s)(f(t) - f(t-s))ds \right|$$
$$\leq \int_{-\delta}^{\delta} |g_\varepsilon(s)| \, |f(t) - f(t-s)|ds + \int_{|s| \geq \delta} |g_\varepsilon(s)| \, |f(t) - f(t-s)|ds$$
$$\leq \frac{a}{2M} \int |g_\varepsilon(s)|ds + 2 \sup_{s \in \mathbb{R}} |f(s)| \cdot \int_{|s| \geq \delta} |g_\varepsilon(s)|ds$$
$$\leq \frac{a}{2} + 2(\sup |f|) \int_{|s| \geq \delta} |g_\varepsilon(s)|ds.$$

仮定 (ii) より，最後の項は $\varepsilon \to 0$ のとき 0 に収束する．$a > 0$ は任意の小さな数だったから，これは $f(t) - \int g_\varepsilon(t-s)f(s)ds$ が $\varepsilon \to 0$ のとき 0 に収束することを示している． $\square$

定理 3.5 (反転公式). $f, \hat{f}$ が有界連続な可積分関数とする．このとき，$f = \mathfrak{F}^*\hat{f}$ が成り立つ．つまり

$$f(t) = \frac{1}{\sqrt{2\pi}} \int_{-\infty}^{\infty} e^{it\xi}\hat{f}(\xi)d\xi \qquad (t \in \mathbb{R}).$$

同様に，$f = \mathfrak{F}\check{f}$ も成り立つ[*1)]．

証明．$f = \mathfrak{F}^*\hat{f}$ だけ証明する．定理 3.3 より

$$\int_{-\infty}^{\infty} e^{it\xi}\hat{f}(\xi)d\xi = \lim_{\varepsilon \to 0} \int_{-\infty}^{\infty} e^{-\varepsilon^2\xi^2/2}e^{it\xi}\hat{f}(\xi)d\xi \tag{3.2}$$

を示せばよい．$\hat{f}$ は可積分なのだから，任意の $\delta > 0$ に対して，十分 $R > 0$ を大きく取れば

$$\int_{|\xi| \geq R} |\hat{f}(\xi)|d\xi < \delta$$

とできる．すると

$$\left| \int_{-\infty}^{\infty} e^{it\xi}\hat{f}(\xi)d\xi - \int_{-\infty}^{\infty} e^{-\varepsilon^2\xi^2/2}e^{it\xi}\hat{f}(\xi)d\xi \right|$$
$$= \left| \int_{-\infty}^{\infty} (1 - e^{-\varepsilon^2\xi^2/2})e^{it\xi}\hat{f}(\xi)d\xi \right|$$
$$\leq \int_{-\infty}^{\infty} (1 - e^{-\varepsilon^2\xi^2/2})|\hat{f}(\xi)|d\xi$$
$$\leq (1 - e^{-\varepsilon^2 R^2/2}) \cdot \int_{-R}^{R} |\hat{f}(\xi)|d\xi + \int_{|\xi| \geq R} |f(\xi)|d\xi$$
$$\leq (1 - e^{-\varepsilon^2 R^2/2}) \cdot \int_{-\infty}^{\infty} |\hat{f}(\xi)|d\xi + \delta$$

となる．$\varepsilon \to 0$ のとき第 1 項は 0 に収束する．$\delta > 0$ はいくらでも小さく取れ

[*1)] $\check{f}(t) = \hat{f}(-t)$ だから，上の仮定の下で $\check{f}$ も有界連続で可積分である．また，f が可積分なので，$\hat{f}$ が有界連続であることは命題 3.1 から自動的にしたがう．

るから，これは左辺が 0 に収束することを意味している．つまり，(3.2) が示され，定理の証明が終わった． □

定理 3.5 では，f と $\hat{f}$ がともに可積分であるという仮定をした．$\hat{f}$ が可積分であるという仮定は，ある意味で f の正則性（なめらかさ）に関する仮定と考えることができるのだが，f から直接確かめられる性質ではない．しかし，フーリエ級数に関する定理 1.3 と同様に，次の定理が成り立つ．

定理 3.6. f が C^1-級関数で，f, f' がともに可積分であるならば，$\hat{f}$ は可積分である．特に，フーリエの反転公式 $f = \mathfrak{F}^* \hat{f}$ が成立する．

この定理の証明は 3.7 節で与える．

3.5　内積とプランシェレルの定理

ここでは，$\mathbb{R}$ 上の関数の集合に内積を定義し，フーリエ級数展開に関するパーセバルの等式と同様の等式が，フーリエ変換においても成り立つことを学ぶ．

定義 3.3. f を $\mathbb{R}$ 上の関数とする．任意の有界区間上で f と $|f(t)|^2$ の積分が存在して，しかも $|f(t)|^2$ が可積分であるとき L^2-条件を満たすという．記号としては，$f \in L^2(\mathbb{R})$ と書く[*1]．$f \in L^2(\mathbb{R})$ のとき

$$\|f\| = \left(\int_{-\infty}^{\infty} |f(t)|^2 dt \right)^{1/2}$$

により，f のノルム（長さ）を定義する．また，$f, g \in L^2(\mathbb{R})$ のとき，f と g の内積を

$$\langle f, g \rangle = \int_{-\infty}^{\infty} f(t) \overline{g(t)} dt$$

で定義する．特に，$\|f\|^2 = \langle f, f \rangle$ である．

[*1] 厳密には，$L^2(\mathbb{R})$ はルベーグ積分の意味で可測で $\int |f(t)|^2 dt < \infty$ であるような関数全体の集合として定義される．大まかにいえば，上に書いた条件を満たす関数全体の集合が $L^2(\mathbb{R})$ であると思ってもよい．

さて，任意の f, g について

$$|f(t)\overline{g(t)}| \leq \frac{1}{2}(|f(t)|^2 + |g(t)|^2)$$

なので，$f, g \in L^2(\mathbb{R})$ なら内積の定義の積分は絶対収束する．この内積は，(周期関数に関する内積の場合と同様に) 次のような性質を満たす．$f, g, h \in L^2(\mathbb{R})$, $\alpha, \beta \in \mathbb{R}$ のとき

$$\langle \alpha f + \beta g, h \rangle = \alpha \langle f, h \rangle + \beta \langle g, h \rangle,$$
$$\langle f, \alpha g + \beta h \rangle = \overline{\alpha} \langle f, g \rangle + \overline{\beta} \langle f, h \rangle,$$
$$\langle f, g \rangle = \overline{\langle g, f \rangle}.$$

また，1.8 節と全く同じ計算により，シュワルツの不等式，三角不等式が成り立つ．つまり，$f, g \in L^2(\mathbb{R})$ ならば

$$|\langle f, g \rangle| \leq \|f\| \, \|g\|,$$
$$\|f + g\| \leq \|f\| + \|g\|$$

が成り立つ．

さて，フーリエ変換の議論に戻ろう．f, g が L^1-条件を満たすとすると $\hat{f}$ は有界である．すると

$$\langle \hat{f}, g \rangle = \int_{-\infty}^{\infty} \left(\frac{1}{\sqrt{2\pi}} \int_{-\infty}^{\infty} e^{-its} f(s) ds \right) \overline{g(t)} dt$$
$$= \int_{-\infty}^{\infty} f(s) \overline{\left(\frac{1}{\sqrt{2\pi}} \int_{-\infty}^{\infty} e^{its} g(t) dt \right)} ds = \langle f, \check{g} \rangle$$

である．ここで，$\int_{-\infty}^{\infty} \int_{-\infty}^{\infty} |f(s)| \, |g(t)| ds dt < \infty$ なので積分の順序交換ができることを用いた．さらに $\hat{g}$ も可積分であると仮定して g と $\hat{g}$ を入れ替えると

$$\langle \hat{f}, \hat{g} \rangle = \langle f, \mathfrak{F}^* \hat{g} \rangle = \langle f, g \rangle$$

が成り立つことが分かる．以上で，次の**プランシェレルの定理**(Plancherel's theorem) が証明された．

定理 3.7. $f, g, \hat{g}$ がすべて有界可積分ならば

$$\langle f, g \rangle = \langle \hat{f}, \hat{g} \rangle.$$

また，f が有界連続で可積分ならば

$$\|f\| = \|\hat{f}\|.$$

つまり，フーリエ変換は関数のノルム (長さ) を変えない写像である．

定理の前半の主張は上で示したが，($\hat{f}$ が可積分とは限らないので) 後半の証明にはもう少し込み入った議論が必要であり，ここでは省略する．証明を知りたい人は，例えば文献 [9] を参照してほしい．

3.6　平行移動，微分とフーリエ変換

$\mathbb{R}$ 上の関数の平行移動を

$$T_s f(t) = f(t-s) \qquad (s, t \in \mathbb{R})$$

と書こう．すると，$T_s f$ のフーリエ変換は

$$\begin{aligned}
\mathfrak{F}[T_s f](\xi) &= \frac{1}{\sqrt{2\pi}} \int_{-\infty}^{\infty} e^{-it\xi} f(t-s) dt \\
&= \frac{1}{\sqrt{2\pi}} \int_{-\infty}^{\infty} e^{-i(u+s)\xi} f(u) du \qquad (u = t-s) \\
&= e^{-is\xi} \hat{f}(\xi)
\end{aligned}$$

となる．同様に

$$\mathfrak{F}^*[T_s f](t) = e^{ist} \check{f}(t)$$

も示される．これらから容易に想像できるように，$e^{ist} f(t)$ のフーリエ変換は $T_s \hat{f}$ であり，$e^{-is\xi} f(\xi)$ の逆フーリエ変換は $T_s \check{f}$ である．実際，直接計算してみると

$$\mathfrak{F}[e^{ist}f(t)](\xi) = \frac{1}{\sqrt{2\pi}}\int_{-\infty}^{\infty} e^{-i(t-s)\xi}f(t)dt$$
$$= \hat{f}(\xi - s) = T_s\hat{f}(\xi)$$

となる．以上をまとめて，次の命題が示された．

命題 3.8. f が可積分関数ならば

$$\mathfrak{F}[T_s f](\xi) = e^{-is\xi}\hat{f}(\xi), \qquad\qquad \mathfrak{F}^*[T_s f](t) = e^{ist}\check{f}(t),$$
$$\mathfrak{F}[e^{ist}f(t)](\xi) = T_s\hat{f}(\xi), \qquad\qquad \mathfrak{F}^*[e^{-is\xi}f(t)](t) = T_s\check{f}(t).$$

さて，f が微分可能であると仮定しよう．すると

$$f'(t) = \lim_{h\to 0}\frac{1}{h}(f(t+h) - f(t)) = \lim_{h\to 0}\frac{1}{h}((T_{-h}f)(t) - f(t))$$

と書ける．両辺にフーリエ変換を施して，上の命題を使い，形式的に極限とフーリエ変換の順序交換を行うと

$$\mathfrak{F}[f'](\xi) = \lim_{h\to 0}\frac{1}{h}(e^{ih\xi} - 1)\hat{f}(\xi) = i\xi \cdot \hat{f}(\xi)$$

と計算できる．これは，f' が可積分であれば実際正しい．

定理 3.9. f が C^1-級関数であり f, f' が可積分であれば

$$\mathfrak{F}[f'](\xi) = i\xi \cdot \hat{f}(\xi) \qquad (\xi \in \mathbb{R}),$$
$$\mathfrak{F}^*[f'](t) = -it \cdot \check{f}(t) \qquad (t \in \mathbb{R}).$$

証明． 定理 2.1 と同様に，部分積分を用いて示す．f, f' が可積分なので

$$f(t) = \int_{-\infty}^{t} f'(s)ds + \lim_{s\to -\infty} f(s)$$

と書ける．したがって，$t \to -\infty$ のとき $f(t) \to 0$ である．同様にして，$t \to \infty$ のときも $f(t) \to 0$ であることが示される．$R > 0$ とするとき，部分積分の公

式より

$$\int_{-R}^{R} e^{-it\xi} f'(t)dt = \left[e^{-it\xi} f(t)\right]_{-R}^{R} - \int_{-R}^{R} (-i\xi)e^{-it\xi} f(t)dt$$

がしたがう．ここで，上の注意より，$R \to \infty$ のとき第1項の差分は 0 に収束することが分かる．したがって，$R \to \infty$ として

$$\int_{-\infty}^{\infty} e^{-it\xi} f'(t)dt = i\xi \int_{-\infty}^{\infty} e^{-it\xi} f(t)dt$$

が得られ，定理が証明された． □

この定理は，高階微分についても同様に成立する．つまり，$f^{(k)}$ を f の k-階微分とするとき，もし $f, f', \ldots, f^{(n)}$ がすべて可積分であると仮定すると

$$\mathfrak{F}[f^{(n)}](\xi) = (i\xi)^n \hat{f}(\xi) \qquad (\xi \in \mathbb{R})$$

であることが，上の定理から簡単にしたがう．このとき，$\mathfrak{F}(f^{(n)})$ は可積分関数のフーリエ変換だから有界である．このことから直ちに次の系がしたがう．

系 3.10. $n \geq 1$ とする．$f, f', \ldots, f^{(n)}$ が可積分関数ならば，定数 $C > 0$ が存在して

$$|\hat{f}(\xi)| \leq C(1 + |\xi|)^{-n} \qquad (\xi \in \mathbb{R})$$

が成り立つ．

さて，逆に $\hat{f}(\xi)$ の微分を考えてみよう．また形式的に (収束を気にしないで) 計算してみると

$$\hat{f}'(x) = \frac{1}{\sqrt{2\pi}} \int (-it)e^{-it\xi} f(t)dt = \mathfrak{F}[-itf(t)](\xi)$$

と書くことができる．つまり，$\hat{f}'(\xi)$ は $-itf(t)$ のフーリエ変換である．これは，定理 3.9 の公式にフーリエ変換を施しても同じものが得られ，つじつまが合っている．実際，次の定理が成立する．

定理 3.11. $f(t)$, $tf(t)$ が可積分ならば，$\hat{f}(\xi)$, $\check{f}(t)$ は C^1-級関数であり

$$\hat{f}'(\xi) = \mathfrak{F}[-itf(t)](\xi), \qquad \check{f}'(t) = \mathfrak{F}^*[i\xi f(\xi)](t)$$

が成り立つ．

証明. $tf(t) \in L^1(\mathbb{R})$ という仮定より，フーリエ変換の定義の積分と，微分の順序交換ができて，上の計算は正当化できて，定理の主張がしたがう． □

もちろん，上の定理の主張は高階の微分にも自然に拡張できる．つまり，$f(t)$, $t^n f(t) \in L^1(\mathbb{R})$ ならば，$\hat{f}(\xi)$, $\check{f}$ は C^n-級関数であり

$$\hat{f}^{(n)} = \mathfrak{F}[(-it)^n f(t)], \qquad \check{f}^{(n)} = \mathfrak{F}^*[(i\xi)^n f(\xi)]$$

が成り立つ．

定理 3.9, 定理 3.11 は互いに逆変換の形をしているが，「ぴったり」逆ではないことに注意しよう．つまり，f, f' が可積分ならば $\xi \hat{f}(\xi)$ は有界である．定理 3.6 から f は可積分だが $\xi \hat{f}(\xi)$ は可積分かどうかは分からない．$\xi \hat{f}(\xi)$ が可積分と仮定すると，f が C^1-級であることは再現できるが，f' が可積分かどうかはやはり分からない．このように，フーリエ変換の微分可能性と，$\xi \hat{f}(\xi)$ の性質の関係は「隙間」がある．これを埋めることは，このような形ではできない．ノルム $\|\cdot\|$ を用いた，いわゆる L^2-理論を用いるとこのような問題のない理論を作ることができるが，ルベーグ積分の知識が必要であり，この本の範囲を超える．関心のある読者は，例えば文献 [9], [13], [15] を参照されたい．

3.7 定理 3.6 の証明とリーマン・ルベーグの定理

定理 3.6 の証明. 前節で示した微分とフーリエ変換の関係と，プランシェレルの定理を組み合わせて定理 3.6 を証明しよう．f と f' が可積分であると仮定する．f を

$$\hat{f}(\xi) = (1+i\xi)^{-1}(1+i\xi)\hat{f}(\xi) = (1+i\xi)^{-1}(\hat{f}(\xi) + \mathfrak{F}[f'](\xi))$$

と書き直す．$g(\xi) = (1+i\xi)^{-1}$ とおけば

$$\|g\|^2 = \int |(1+i\xi)^{-1}|^2 d\xi = \int \frac{d\xi}{1+\xi^2} = \pi$$

なので，g は L^2-条件を満たす．また，プランシェレルの定理から $\hat{f}, \mathfrak{F}[f']$ も L^2-条件を満たし

$$\|\hat{f}\| = \|f\|, \qquad \|\mathfrak{F}[f']\| = \|f'\|$$

である．したがって，シュワルツの不等式より

$$\int |\hat{f}(\xi)| d\xi = \int |g(\xi)| \, |\hat{f}(\xi) + \mathfrak{F}[f'](\xi)| d\xi$$
$$\leq \|g\|(\|f\| + \|f'\|) = \sqrt{\pi}(\|f\| + \|f'\|) < \infty$$

となり，$\hat{f} \in L^1(\mathbb{R})$ が示された[*1]． □

前節で見たように，f, f' が可積分ならば，$|\xi| \to \infty$ のとき $\hat{f}(\xi) = O(|\xi|^{-1})$ である．一般に，f がなめらかであるほど，$\hat{f}$ は遠方で速く減少する．では，f が可積分，という条件だけで $\hat{f}$ は遠方で減少するだろうか？ この問に答えるのが，有名な「リーマン・ルベーグの定理」である．

定理 3.12 (リーマン・ルベーグの定理). f が可積分関数ならば，$|\xi| \to \infty$ のとき $\hat{f}(\xi) \to 0$.

証明．積分の定義を想い出すと，f の積分は，f を階段関数の極限で表して，階段関数の積分の極限として定義されている．つまり，階段関数の列 g_n を用いて

$$\int f(t) dt = \lim_{n \to \infty} \int g_n(t) dt$$

と定義している．したがって，f が可積分ならば，$\varepsilon > 0$ をどのように小さく取っても，階段関数 g で

[*1] ここでは，プランシェレルの定理の証明を省略した部分を用いている．プランシェレルの定理を用いなくても，$f, f' f''$ が可積分と仮定すれば $\hat{f}$ が可積分なことは同じ方法で証明できる．すなわち，$f - f''$ のフーリエ変換が $(1+\xi^2)\hat{f}(\xi)$ なので，この関数が有界なことから $|\hat{f}(\xi)| \leq C(1+\xi^2)^{-1}$ が分かる．したがって $\hat{f}$ は可積分である．

$$\int |f(t) - g(t)| dt < \varepsilon \tag{3.3}$$

を満たすものが存在する．g は階段関数なのだから

$$g(t) = \sum_{j=1}^{N} c_j \chi_{I_j}(t), \qquad I_j = [a_j, b_j], \quad c_j \in \mathbb{C}$$

と表現できる．ここで，χ_I は区間 I の定義関数である[*1)]．g のフーリエ変換は

$$\hat{g}(\xi) = \sum_{j=1}^{N} c_j \mathfrak{F}[\chi_{I_j}](\xi)$$

$$= \frac{1}{\sqrt{2\pi}} \frac{1}{i\xi} \sum_{j=1}^{N} c_j (e^{-ia_j \xi} - e^{-ib_j \xi})$$

と計算できるから，ある定数 C が存在して

$$|\hat{g}(\xi)| \leq C |\xi|^{-1} \qquad (\xi \in \mathbb{R})$$

が成り立つ．特に，$\lim_{|\xi| \to \infty} \hat{g}(\xi) = 0$ である．一方，(3.3) より

$$\left| \hat{f}(\xi) - \hat{g}(\xi) \right| \leq \frac{\varepsilon}{\sqrt{2\pi}} \qquad (\xi \in \mathbb{R})$$

なので，上の不等式と組み合わせて $|\xi|$ が十分大きければ

$$\left| \hat{f}(\xi) \right| \leq \frac{2\varepsilon}{\sqrt{2\pi}}$$

が成り立つことが分かる．$\varepsilon > 0$ は任意の数であったから，これより $|\xi| \to \infty$ のとき $\hat{f}(\xi) \to 0$ であることがしたがう． □

3.8 たたみこみとフーリエ変換

2.4 節では，フーリエ級数展開と積，たたみこみの関係について学んだ．同様の関係はフーリエ変換についても成り立つことをここでは学ぶ．最初に，実

[*1)] つまり $\chi_I(x)$ は

$$\chi_I(x) = \begin{cases} 1 & (x \in I), \\ 0 & (x \notin I) \end{cases}$$

で定義される関数である．

数直線上の関数のたたみこみを定義し，その基本的な性質を調べよう．

定義 3.4. f, g を $\mathbb{R}$ 上の関数とする．$t \in \mathbb{R}$ に対して，積分

$$h(t) = \int_{-\infty}^{\infty} f(t-s)g(s)ds$$

が意味を持つとき，h を f と g のたたみこみ(convolution) と呼び，$h = f * g$ と書く．

定義から直ちに分かるように，f を止めたとき写像：$g \mapsto f * g$ は線形写像である．同様に，g を止めたとき写像：$f \mapsto f * g$ も線形写像である．また，$f * g$ の定義で，積分変数の変換 $u = t - s$ を行えば

$$f * g(t) = \int_{-\infty}^{\infty} f(u)g(t-u)du = g * f(t)$$

が成り立つ．つまり，$f * g = g * f$ であり，たたみこみは可換な演算であることが分かる．一般論に入る前に，具体的な例をいくつか見ておこう．

例 3.5. $I = [a, b]$, $J = [c, d]$, $f = \chi_I$, $g = \chi_J$ としよう．すると

$$\begin{aligned} f * g(t) &= \int_{-\infty}^{\infty} \chi_I(s)\chi_J(t-s)ds \\ &= \int_a^b \chi_{[c,d]}(t-s)ds = \int_a^b \chi_{[t-d,t-c]}(s)ds \\ &= |[a,b] \cap [t-d, t-c]|. \end{aligned}$$

つまり，区間 $[a, b]$ と区間 $[t - d, t - c]$ の重なりの長さが $f * g(t)$ の値となる．これは，折れ線グラフを持つ連続関数である．もし I の長さ $b - a$ が J の長さ $d - c$ より大きければ

$$f * g(t) = \begin{cases} 0 & (t \leq a+c), \\ t-(a+c) & (a+c \leq a+d), \\ d-c & (a+d \leq t < b+c), \\ -t+(b+d) & (a+c \leq t < b+d), \\ 0 & (t \geq b+d) \end{cases}$$

となる (図 3.5).

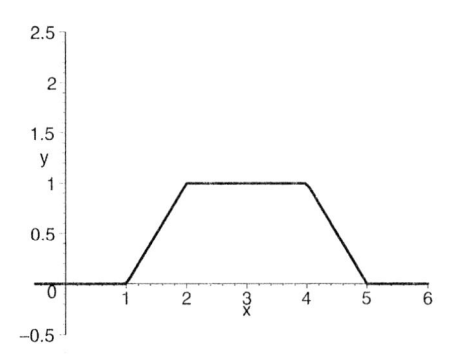

図 3.5 $I=[1,4]$, $J=[0,1]$ としたときの $\chi_I * \chi_J$ のグラフ

例 3.6. $\alpha, \beta > 0$, $f(t) = (t^2+\alpha^2)^{-1}$, $g(t) = (t^2+\beta^2)^{-1}$ とおこう. すると留数計算により

$$f*g(t) = \int_{-\infty}^{\infty} \frac{1}{s^2+\alpha^2} \cdot \frac{1}{(t-s)^2+\beta^2} ds$$
$$= \pi \frac{\alpha+\beta}{\alpha\beta} \cdot \frac{1}{t^2+(\alpha+\beta)^2}$$

が分かる (計算の詳細は読者の演習とする).

例 3.7. $\lambda, \mu > 0$, $f(t) = e^{-\lambda^2 t^2/2}$, $g(t) = e^{-\mu^2 t^2/2}$ とおく. すると,

$$f*g(t) = \int_{-\infty}^{\infty} e^{-(\lambda^2(t-s)^2 + \mu^2 s^2)/2} ds$$

である．指数の肩を計算すると

$$\lambda^2(t-s)^2 + \mu^2 s^2 = (\lambda^2+\mu^2)s^2 - 2\lambda^2 ts + \lambda^2 t^2$$
$$= (\lambda^2+\mu^2)\left(s - \frac{\lambda^2 t}{\lambda^2+\mu^2}\right)^2 + \left(-\frac{\lambda^4}{\lambda^2+\mu^2} + \lambda^2\right)t^2$$
$$= (\lambda^2+\mu^2)\left(s - \frac{\lambda^2 t}{\lambda^2+\mu^2}\right)^2 - \frac{\lambda^2\mu^2}{\lambda^2+\mu^2}t^2$$

となる．したがって

$$f*g(t) = e^{-(\lambda^2\mu^2/(\lambda^2+\mu^2))t^2/2} \int e^{-(\lambda^2+\mu^2)(s-\lambda^2 t/(\lambda^2+\mu^2))^2/2} ds$$
$$= e^{-(\lambda^2\mu^2/(\lambda^2+\mu^2))t^2/2} \int e^{-(\lambda^2+\mu^2)s^2/2} ds$$
$$= \frac{\sqrt{2\pi}}{\sqrt{\lambda^2+\mu^2}} \exp\left(-\frac{\lambda^2\mu^2}{\lambda^2+\mu^2} \cdot \frac{t^2}{2}\right)$$

となる．つまり，ガウス関数とガウス関数のたたみこみは，やはりガウス関数となる．

以上の例は，すべて有界可積分関数と有界可積分関数のたたみこみであり，その結果，有界可積分関数が得られた．また，例 3.5 においては，連続でない関数と連続でない関数のたたみこみで連続な関数が得られた．これらの性質は，次の命題で見るように一般に成り立つ．

命題 3.13. f, g を有界な可積分関数とする．このとき $f*g$ は有界連続な可積分関数である．

証明．$f*g$ が定義されて有界なことは

$$|f*g(t)| \leq \int |f(s)g(t-s)| ds \leq \sup|g| \cdot \int |f(s)| ds < \infty$$

であることから分かる．また

$$\int |f*g(t)|dt \leq \int\int |f(s)g(t-s)|dsdt$$
$$= \int \left(\int |g(t-s)|dt\right)|f(s)|ds$$
$$= \int |g(t)|dt \cdot \int |f(s)|ds < \infty$$

なので，$f*g$ は可積分である．あとは $f*g$ が連続であることを示せばよい．リーマン・ルベーグの定理の証明で注意したように，任意の n に対して，階段関数 $F_n(t), G_n(t)$ で

$$\int |f(t)-F_n(t)|dt < \frac{1}{n}, \qquad \int |g(t)-G_n(t)|dt < \frac{1}{n}$$

を満たすものが存在する．しかも

$$\sup|F_n| \leq \sup|f|, \qquad \sup|G_n| \leq \sup|g|$$

と仮定してよい．

$$F_n(t) = \sum_{j=1}^{N} c_j \chi_{I_j}(t), \qquad G_n(t) = \sum_{k=1}^{M} d_k \chi_{J_k}(t)$$

と書こう．ここで，$c_j, d_k \in \mathbb{C}$, I_j, J_k は区間である．すると

$$F_n * G_n(t) = \sum_{j=1}^{N}\sum_{k=1}^{M} c_j d_k (\chi_{I_j} * \chi_{J_k})(t)$$

と書けるが，例3.5で見たように，$\chi_{I_j} * \chi_{J_k}$ は連続関数であるから，$F_n * G_n$ も連続である．一方，F_n, G_n の定義から

$$|f*g(t) - F_n * G_n(t)| = |(f-F_n)*g(t) + F_n*(g-G_n)(t)|$$
$$\leq \sup|g| \cdot \int |f(s) - F_n(s)|ds$$
$$+ \sup|F_n| \cdot \int |g(s) - G_n(s)|ds$$
$$\leq (\sup|f| + \sup|g|) \cdot \frac{1}{n}$$

が成り立つ．つまり，$f*g$ は連続関数 F_n*G_n の一様収束極限である．したがって，$f*g$ も連続である． □

f が**局所可積分**(locally integrable) であるとは，どのような有界区間 I 上でも(広義)積分が定義できて，$\int_I |f(t)|dt < \infty$ を満たすことである．このとき，上と同様に，次の命題が証明される．

命題 3.14. f が有界な局所可積分関数，g が可積分関数ならば，$f * g$ は有界な連続関数である．

命題 3.15. f, g が有界な台を持つ有界可積分関数ならば，$f * g$ は有界な台を持つ連続関数である．

以上二つの命題の証明は読者の演習としよう．

次に，たたみこみと平行移動，微分との関係を見ておこう．T_s を前と同様に平行移動：$T_s f(t) = f(t-s)$ とする．すると

$$(T_s(f*g))(t) = \int f(u)g(t-s-u)du$$
$$= (f*(T_s g))(t) = ((T_s f)*g)(t)$$

が成り立つ．また，$f * g$ を形式的に微分すると

$$(f*g)' = \lim_{h \to 0} \frac{1}{h}(T_{-h}(f*g) - f*g)$$
$$= \lim_{h \to 0} \left(\frac{1}{h}(T_{-h}f - f)\right) * g = f' * g$$

となる．実際，次の命題が成り立つ．

命題 3.16. f を有界で C^1-級の関数で，f, f' が可積分であると仮定する．g は有界で局所可積分の関数とする．このとき $f * g$ は有界な C^1-級関数で，

$$(f*g)' = f'*g$$

が成り立つ．

証明は，微分と積分の順序交換ができる条件を確かめればよい．詳細は省略

する．

さて，たたみこみとフーリエ変換の関係は次のように書ける．

定理 3.17. (1) f, g が有界可積分関数ならば

$$\mathfrak{F}[f*g](\xi) = \sqrt{2\pi}\hat{f}(\xi) \cdot \hat{g}(\xi),$$

$$\mathfrak{F}^*[f*g](t) = \sqrt{2\pi}\check{f}(t) \cdot \check{g}(t).$$

(2) $f, g, \hat{g}$ が有界可積分関数ならば

$$\mathfrak{F}[f \cdot g](\xi) = \frac{1}{\sqrt{2\pi}}(\hat{f} * \hat{g})(\xi),$$

$$\mathfrak{F}^*[f \cdot g](t) = \frac{1}{\sqrt{2\pi}}(\check{f} * \check{g})(t).$$

証明. (1) f, g が可積分ならば $f*g$ も可積分なことに注意して

$$\begin{aligned}
\mathfrak{F}[f*g](\xi) &= \frac{1}{\sqrt{2\pi}}\int\int f(s)g(t-s)e^{-it\xi}dsdt \\
&= \int\left(\frac{1}{\sqrt{2\pi}}\int g(t-s)e^{-i(t-s)\xi}dt\right)f(s)e^{-is\xi}ds \\
&= \sqrt{2\pi}\hat{f}(\xi) \cdot \hat{g}(\xi)
\end{aligned}$$

が得られる．$\mathfrak{F}^*[f*g](t) = \sqrt{2\pi}\check{f}(t) \cdot \check{g}(t)$ も同様にして示される．

(2) $f, g, \hat{f}, \hat{g}$ が有界可積分ならば，(1) の結果と反転公式を組み合わせて (2) は直ちにしたがう．しかし，ここでは $\hat{f}$ は可積分と仮定していないので，直接計算して証明しよう．g に関する反転公式: $g = \mathfrak{F}^*\hat{g}$ を代入して

$$\begin{aligned}
\mathfrak{F}[fg](\xi) &= \frac{1}{2\pi}\int f(t)\left(\int \hat{g}(\eta)e^{it\eta}d\eta\right)e^{-it\xi}dt \\
&= \frac{1}{2\pi}\int\left(\int f(t)e^{-it(\xi-\eta)}dt\right)\hat{g}(\eta)d\eta \\
&= \frac{1}{\sqrt{2\pi}}\int \hat{f}(\xi-\eta)\hat{g}(\eta)d\eta = \frac{1}{\sqrt{2\pi}}\hat{f}*\hat{g}(\xi)
\end{aligned}$$

が得られる．ここでも，f と $\hat{g}$ が可積分なので積分の順序交換ができることを用いた．もう一つの公式も同様に証明される． □

例 3.8. 例 3.6, 3.7 のたたみこみのフーリエ変換を計算すると，上の公式が実際成り立っていることが確かめられる．つまり，例 3.6 に関しては，例 3.2 の結果を組み合わせて

$$
\begin{aligned}
\mathfrak{F}\left[\frac{1}{t^2+\alpha^2} * \frac{1}{t^2+\beta^2}\right](\xi) &= \pi \frac{\alpha+\beta}{\alpha\beta} \mathfrak{F}\left[\frac{1}{t^2+(\alpha+\beta)^2}\right](\xi) \\
&= \pi \frac{\alpha+\beta}{\alpha\beta} \cdot \frac{\sqrt{2\pi}}{2(\alpha+\beta)} e^{-(\alpha+\beta)|\xi|} \\
&= \sqrt{2\pi} \left(\frac{\sqrt{2\pi}}{2\alpha} e^{-\alpha|\xi|}\right) \times \left(\frac{\sqrt{2\pi}}{2\beta} e^{-\beta|\xi|}\right) \\
&= \sqrt{2\pi} \mathfrak{F}\left[\frac{1}{t^2+\alpha^2}\right](\xi) \cdot \mathfrak{F}\left[\frac{1}{t^2+\beta^2}\right](\xi).
\end{aligned}
$$

一方，ガウス関数のたたみこみ (例 3.7) については，同様に例 3.3 の結果と組み合わせて

$$
\begin{aligned}
\mathfrak{F}\left[e^{-\lambda^2 t^2/2} * e^{-\mu^2 t^2/2}\right](\xi) &= \frac{\sqrt{2\pi}}{\lambda^2+\mu^2} \mathfrak{F}\left[\exp\left(-\frac{\lambda^2\mu^2}{\lambda^2+\mu^2}\frac{t^2}{2}\right)\right](\xi) \\
&= \frac{\sqrt{2\pi}}{\lambda^2+\mu^2} \frac{\sqrt{\lambda^2+\mu^2}}{\lambda\mu} \exp\left(-\frac{\lambda^2+\mu^2}{\lambda^2\mu^2}\frac{\xi^2}{2}\right) \\
&= \sqrt{2\pi} \left(\frac{1}{\lambda} e^{-\xi^2/2\lambda^2}\right) \times \left(\frac{1}{\mu} e^{-\xi^2/2\mu^2}\right) \\
&= \sqrt{2\pi} \mathfrak{F}\left[e^{-\lambda^2 t^2/2}\right](\xi) \cdot \mathfrak{F}\left[e^{-\mu^2 t^2/2}\right](\xi)
\end{aligned}
$$

が得られる．

3.9 簡単な偏微分方程式への応用

3.9.1 $\mathbb{R}$ 上の熱方程式

無限の長さの棒の温度分布を考える．位置 $x \in \mathbb{R}$, 時刻 $t > 0$ での温度を $u(x,t)$ と書くことにすると，2.3 節と同様に $u(x,t)$ は熱方程式

$$
\begin{cases}
\dfrac{\partial u}{\partial t}(x,t) = \dfrac{\partial^2 u}{\partial x^2}(x,t) & (x \in \mathbb{R}, t > 0), \\
u(x,0) = f(x) & (x \in \mathbb{R}).
\end{cases}
$$

にしたがう．初期温度分布 $f(x)$ は連続な可積分関数として，$|x| \to \infty$ で $u(x,t) \to 0$ を満たすような解を求めよう．熱方程式の両辺の x に関するフーリエ変換を考えると，u が x について 2 階微分可能で，$u, u', u'' \in L^1(\mathbb{R})$ と仮定すれば

$$\frac{\partial}{\partial t}\hat{u}(\xi,t) = -\xi^2 \hat{u}(\xi,t) \qquad (\xi \in \mathbb{R}, t > 0)$$

が得られる．初期条件：

$$\hat{u}(\xi,0) = \hat{f}(\xi)$$

と合わせてこの方程式を解くと

$$\hat{u}(x,t) = e^{-\xi^2 t}\hat{f}(\xi)$$

が得られる．この両辺を逆フーリエ変換すると

$$\begin{aligned}u(x,t) &= \frac{1}{\sqrt{2\pi}}\bigl(\mathfrak{F}^*\bigl[e^{-\xi^2 t}\bigr] * f\bigr)(x) \\ &= \frac{1}{\sqrt{4\pi t}}\bigl(e^{-x^2/4t} * f\bigr)(x) \\ &= \frac{1}{\sqrt{4\pi t}}\int f(y) e^{-(x-y)^2/4t} dy \qquad (3.4)\end{aligned}$$

となる．f が有界連続ならば，(3.4) で与えられる $u(x,t)$ は $t \to 0$ のとき (各 x ごとに) f に収束することが定理 3.4 よりしたがう．また，x について有界可積分な熱方程式の解が他にないことは，2.2 節の議論と同様にエネルギー不等式を用いて示すことができる．

$$G(x,t) = \frac{1}{\sqrt{4\pi t}}e^{-x^2/4t} \qquad (x \in \mathbb{R}, t > 0)$$

と書けば，上の解は

$$u(x,t) = \int_{-\infty}^{\infty} G(x-y,t)f(y) dy$$

と表現できる．$G(x-y,t)$ は $\mathbb{R}$ 上の熱方程式のグリーン関数である (2.2 節のグリーン関数より簡単に見えるが，$x=y$ の近くではよく似た形をしている．図 3.6)．

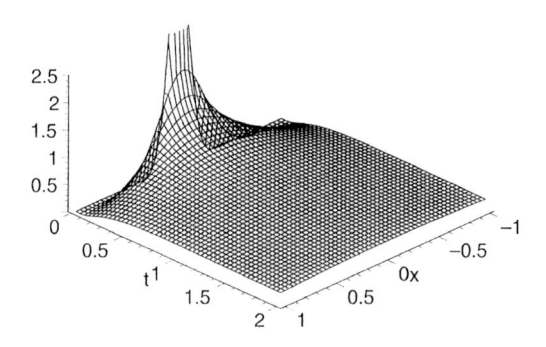

図 3.6 熱方程式のグリーン関数 $G(t, x)$ のグラフ

3.9.2 半平面のディリクレ問題

半平面 D とその境界 ∂D を

$$D = \{(x, y) \in \mathbb{R}^2 \mid y > 0\}, \qquad \partial D = \{(x, 0) \mid x \in \mathbb{R}\}$$

として，$u = u(x, y)$ に関する D 上のディリクレ問題

$$\begin{cases} \dfrac{\partial^2 u}{\partial x^2}(x, y) + \dfrac{\partial^2 u}{\partial y^2}(x, y) = 0 & (x, y \in D), \\ u(x, 0) = f(x) & (x \in \mathbb{R}) \end{cases}$$

を考える．f は ∂D 上の境界条件である．$y \to \infty$ のとき $u(x, y) \to 0$ となるような解を探すことにしよう．ラプラス方程式を x についてフーリエ変換すると

$$-\xi^2 \hat{u}(\xi, y) + \frac{\partial^2 \hat{u}}{\partial y^2}(\xi, y) = 0$$

となる．この一般解は

$$\hat{u}(\xi, y) = \alpha(\xi) e^{-|\xi| y} + \beta(\xi) e^{|\xi| y}$$

の形になるが，我々の $y \to \infty$ での条件から，$\beta(\xi) \equiv 0$ でなければならない．すると，境界条件から (f が可積分なら)

$$\hat{u}(\xi, 0) = \alpha(\xi) = \hat{f}(\xi), \qquad \hat{u}(\xi, y) = \hat{f}(\xi) e^{-|\xi| y}$$

となる．逆フーリエ変換をすると

$$u(x,y) = \mathfrak{F}^*\big[\hat{f}(\xi)e^{-|\xi|y}\big](x)$$
$$= \frac{1}{\sqrt{2\pi}}\big(f * \mathfrak{F}^*\big[e^{-|\xi|y}\big]\big)(x)$$
$$= \frac{1}{\pi}\int_{-\infty}^{\infty}\frac{y}{(x-s)^2+y^2}f(s)ds$$

を得る.右辺に現れる関数 (これもポアソン核と呼ばれる) を

$$P(x,y) = \frac{1}{\pi}\frac{y}{x^2+y^2}$$

と書けば

$$u(x,y) = \int_{-\infty}^{\infty} P(x-s,y)f(s)ds \qquad ((x,y)\in D)$$

と表現できる.f が有界連続であれば,再び定理 3.4 を用いて $y\to 0$ のとき $u(x,y) \to f(x)$ が成り立つことが分かる.また,この $u(x,y)$ がラプラス方程式を満たすことは,直接計算して示すことができる.このとき,f は有界連続であれば十分である.つまり,f が可積分でなくとも,この u はディリクレ問題の (一つの) 解を与えることが分かる.$\lim_{|x|\to\infty}f(x)=0$ であれば

$$\lim_{|x|+|y|\to\infty}u(x,y) = 0$$

を満たす解が他にないこと (解の一意性) は,2.3 節と同様にして証明することができる.

3.9.3 波動方程式

次に,空間 1 次元の波動方程式を考えてみよう.1 次元空間中の音や光などの波動は

$$\begin{cases}\dfrac{\partial^2 u}{\partial t^2}(x,t) = \dfrac{\partial^2 u}{\partial x^2}(x,t) & (x,t\in\mathbb{R}),\\ u(x,0) = f(x) & (x\in\mathbb{R}),\\ \dfrac{\partial u}{\partial t}(x,0) = g(x) & (x\in\mathbb{R})\end{cases}$$

で記述される.ここで,f, g は $t=0$ での初期条件である.x についてフーリエ変換すると,波動方程式は

$$\frac{\partial^2 \hat{u}}{\partial t^2}(\xi, t) = -\xi^2 \hat{u}(\xi, t)$$

となる．この一般解は，よく知られているように

$$\hat{u}(\xi, t) = \alpha(\xi) \cos(t\xi) + \beta(\xi) \sin(t\xi)$$

で与えられる．初期条件を考えると

$$\hat{u}(\xi, 0) = \alpha(\xi) = \hat{f}(\xi), \qquad \frac{\partial \hat{u}}{\partial t}(\xi, 0) = \xi\beta(\xi) = \hat{g}(\xi)$$

となり，少なくとも形式的には

$$\hat{u}(\xi, t) = \hat{f}(\xi) \cos(t\xi) + \hat{g}(\xi) \frac{\sin(t\xi)}{\xi}$$

で解は与えられる．$\sin(t\xi)/\xi = t\operatorname{sinc}(t\xi)$ なので，第2項もすべての ξ について定義されている．しかし，$\cos(t\xi)$ や $t\sin(t\xi)$ は可積分な関数ではないので，このまま逆フーリエ変換してたたみこみの形に書くことはできない．そこで，オイラーの公式と命題3.8を用いて

$$\begin{aligned}
\mathfrak{F}^*\left[\hat{f}(\xi) \cos(t\xi)\right](x) &= \frac{1}{2} \mathfrak{F}^*\left[e^{it\xi} \hat{f}(\xi) + e^{-it\xi} \hat{f}(\xi)\right](x) \\
&= \frac{1}{2}\left((T_{-t}f)(x) + (T_t f)(x)\right) \\
&= \frac{1}{2}\left(f(x+t) + f(x-t)\right)
\end{aligned}$$

と書き換える．同様に，

$$\frac{\sin(t\xi)}{\xi} = \frac{1}{2} \int_{-t}^{t} e^{is\xi} ds$$

を用いて計算すれば，

$$\begin{aligned}
\mathfrak{F}^*\left[\hat{g}(\xi) \frac{\sin(t\xi)}{\xi}\right](x) &= \frac{1}{2} \int_{-t}^{t} \mathfrak{F}^*\left[\hat{g}(\xi) e^{is\xi}\right] ds \\
&= \frac{1}{2} \int_{-t}^{t} g(t+s) ds
\end{aligned}$$

が得られる．これらより，

$$u(x,t) = \frac{1}{2}(f(x+t) + f(x-t)) + \frac{1}{2}\int_{-t}^{t} g(x+s)ds$$

という解の公式が得られる．この解は，f, g が局所可積分であれば意味のある表現であるが，u が微分可能で波動方程式を満たすためには，f は2階微分可能，g は1階微分可能である必要がある．このときは，u が波動方程式を満たし，初期条件を満足することは直接の計算で確かめられる．解の一意性については，ここでは証明を省略するが，ホイゲンスの原理から他に解はないことが証明できる (文献 [3] 5.5 節，あるいは [12], [13], [14] を参照).

3.10　ポアッソンの和公式とフーリエ級数の総和法・再々論

この節では，フーリエ級数とフーリエ変換の一つの関係を与えるポアッソンの和公式について述べ，それをフーリエ級数の総和法に応用しよう．一般に，周期関数は $\mathbb{R}$ 全体では積分可能でないからフーリエ変換をふつうに定義することはできない．これについては，第6章で，超関数のフーリエ変換として論じることになる．ここでは，可積分関数から作られる周期関数のフーリエ級数展開について見てみよう．

$f(t)$ を $\mathbb{R}$ 上の微分可能な関数で，$f(t), f'(t)$ が可積分と仮定する．すると，

$$u(t) = \sum_{n=-\infty}^{\infty} f(t + nT)$$

は周期 T の周期関数であり，しかも微分可能で $u'(t)$ も有界になる．したがって $u(t)$ のフーリエ級数展開は収束する．つまり

$$u(t) = \frac{1}{T} \sum_{-\infty}^{\infty} e^{i\omega nt} \int_0^T u(s) e^{-i\omega ns} ds$$

$$= \frac{1}{T} \sum_{-\infty}^{\infty} e^{i\omega nt} \sum_{m=-\infty}^{\infty} \int_0^T f(s+mT) e^{-i\omega ns} ds$$

$$= \frac{1}{T} \sum_{-\infty}^{\infty} e^{i\omega nt} \int_{-\infty}^{\infty} f(s) e^{-i\omega ns} ds$$

$$= \frac{\sqrt{2\pi}}{T} \sum_{-\infty}^{\infty} e^{i\omega nt} \hat{f}(\omega n)$$

が得られる．ここで $\omega = 2\pi/T$ である．$u(t)$ の定義を左辺に代入すれば，次の公式が得られる．

定理 3.18 (ポアッソンの和公式)．$f(t)$, $f'(t)$ が有界可積分関数であるならば

$$\sum_{n=-\infty}^{\infty} f(t+nT) = \frac{\sqrt{2\pi}}{T} \sum_{m=-\infty}^{\infty} e^{i\omega nt} \hat{f}(\omega m).$$

特に $t=0$ として

$$\sum_{-\infty}^{\infty} f(nT) = \frac{\sqrt{2\pi}}{T} \sum_{m=-\infty}^{\infty} \hat{f}(\omega m).$$

この公式は，f と $\hat{f}$ の間の興味深い関係を示しているが，どのような意味を持つのかは必ずしも明らかではないかもしれない．第6章で見るように，これは「周期的なデルタ関数列のフーリエ変換は，周期的なデルタ関数列である」という事実に対応している．

この公式をフーリエ級数の総和法に応用しよう．$G(s)$ を1.11節の重み関数とする．対応するフーリエ級数の部分和は

$$g_N(t) = \frac{1}{T} \sum_{n=-N}^{N} G(n/N) e^{i\omega nt}$$

によるたたみこみで表現できた (2.5節)．これとポアッソンの和公式を見比べて

3.10 ポアッソンの和公式とフーリエ級数の総和法・再々論

$$\sqrt{2\pi}\hat{f}_N(\omega n) = G(n/N), \quad \text{つまり}, \quad \hat{f}_N(\xi) = \frac{1}{\sqrt{2\pi}}G(\xi/N\omega)$$

とおけば，$g_N(t)$ はポアッソンの和公式の右辺に等しい．すると，逆フーリエ変換を施して

$$f_N(t) = \frac{1}{2\pi}\int_{-\infty}^{\infty}e^{it\xi}G(\xi/N\omega)d\xi = \frac{N\omega}{2\pi}\int_{-\infty}^{\infty}e^{iN\omega\eta t}G(\eta)d\eta$$

となる．そこで

$$g(t) = \frac{1}{2\pi}\int_{-\infty}^{\infty}e^{it\eta}G(\eta)d\eta = (2\pi)^{-1/2}\check{G}(t)$$

とおけば

$$f_N(t) = N\omega g(N\omega t)$$

であることが分かる．さて，$g(t)$ は定理 3.18 の条件を満たすと仮定しよう．すると，以上の計算とポアッソンの和公式から

$$g_N(t) = \frac{\sqrt{2\pi}}{T}\sum_n \hat{f}_N(\omega n)e^{i\omega n t} = \sum_n f_N(t+nT)$$
$$= N\omega\sum_n g(N\omega(t+nT)) = N\omega\sum_n g(N\omega t + 2\pi N n)$$

が得られる．この g_N が定理 2.14 の条件を満たすならば，定理 1.14 と同様にして連続関数の部分和が一様収束することが証明できる．これを確かめよう．まず

$$\int_0^T g_N(t)dt = N\omega\sum_n \int_0^T g(N\omega(t+nT))dt$$
$$= N\omega\int_{-\infty}^{\infty} g(N\omega t)dt = \int_{-\infty}^{\infty} g(t)dt$$

である．g のフーリエ変換は $G/\sqrt{2\pi}$ なので，反転公式から

$$\int_{-\infty}^{\infty} g(t)dt = \sqrt{2\pi}\hat{g}(0) = G(0) = 1$$

を得る．また

$$\int_0^T |g_N(t)|dt \leq N\omega \sum_n \int_0^T |g(N\omega(t+nT))|dt$$
$$= \sum_n \int_0^{2\pi N} |g(t+2\pi Nn)|dt$$
$$\leq \int_{-\infty}^{\infty} |g(t)|dt < \infty.$$

これで条件 (i) が示された．また，$\delta > 0$ とするとき，同様にして

$$\int_\delta^{T-\delta} |g_N(t)|dt \leq N\omega \sum_n \int_\delta^{T-\delta} |g(N\omega(t+nT))|dt$$
$$\leq \int_{|t|>N\omega\delta} |g(t)|dt \longrightarrow 0 \quad (N \to \infty)$$

となるから，条件 (ii) もしたがう．最後の式で，g が可積分であることを用いた．これらより定理 2.14 を用いて定理 1.14 の証明と同様にして次が証明できる．

定理 3.19. $G(s)$ を 1.11 節の条件を満たす重み関数とする．G の逆フーリエ変換を $\sqrt{2\pi}g(t)$ と書いて，g が微分可能で g, g' が可積分と仮定する．このとき，$f(t)$ が連続な周期関数ならば，G に対応する部分和：

$$S_N^G(t) = \sum_{n=-\infty}^{\infty} G(n/N)(\mathcal{F}f)[n]e^{int} = (g_N * f)(t)$$

は $N \to \infty$ のとき f に一様収束する．

この定理の仮定において，g, g' が可積分である，という条件は，G のなめらかさからしたがうことに注意しよう．

例 3.9. (1) 最初に，定理 1.14 は定理 3.19 の特別な場合であることを見ておこう．つまり，フェイェル和の場合は，定理 3.19 の条件は満たされている．実際，フェイェル和の重み関数：

$$G(s) = \chi_I * \chi_I(s) = \begin{cases} 1-|s| & (|s|<1), \\ 0 & (|s| \geq 1) \end{cases} \quad (I = [-\tfrac{1}{2}, \tfrac{1}{2}])$$

の逆フーリエ変換は，定理 3.17 を用いると

$$g(s) = \frac{1}{2\pi}(\mathrm{sinc}(s/2))^2 = \frac{2}{\pi}\frac{\sin^2(s/2)}{s^2}$$

であることが分かる．これは確かに定理の条件を満たす．

(2) ハン窓 (1.11 節 (2)) の場合を考えよう．$H(s)$ は微分可能で $H(s)$, $H'(s)$ は微分可能だから $\check{H}(t)$ は積分可能である．同様に，$sH(s)$, $(sH(s))'$ が積分可能だから $\check{H}'(t)$ も積分可能となり，定理の条件は満たされる．つまり，ハン窓による部分和は，もとの連続関数に一様収束する．

(3) フーリエの部分和は条件を満たさないことを確かめておこう．定義関数 $\chi_{[-1,1]}(s)$ の逆フーリエ変換は $\sqrt{2/\pi}\,\mathrm{sinc}\,t$ であり，この関数は積分可能ではない．したがって定理 3.19 は適用されない．これは，ディリクレ核 $D_N(t)$ の絶対値の積分：$\int_0^T |D_N(t)|dt$ が $N \to \infty$ のとき発散することに対応している．

3.11　シャノンのサンプリング定理

ポアッソンの和公式のもう一つの応用として，通信理論や情報理論において基本的な，シャノンのサンプリング定理を証明しよう．

$f(t)$ を $\mathbb{R}$ 上の連続関数とする．f の $\{nT | n \in \mathbb{Z}\}$ における値のなす数列 $\{f(nT) | n \in \mathbb{Z}\}$ を与えたとき，$f(t)$ が再構成できるか？　という問題を考えよう．このような離散的な時間列における信号 (関数) の値を選んでくることをサンプリング (sampling) と呼ぶ．サンプリングされた信号からもとの信号を再構成することは，もちろん一般には不可能である．しかし，$f(t)$ のフーリエ変換の台が有界ならば，時間間隔 $T > 0$ を十分小さく取れば f は $\{f(nT) | n \in \mathbb{Z}\}$ から再構成できる，というのがシャノンのサンプリング定理の主張である[1]．

この節においては，f, $\hat{f}$, $\hat{f}'$ は有界可積分であると仮定しよう．ポアッソンの和公式を少し書き換えると

$$\sum_{n=-\infty}^{\infty} \hat{f}(\xi + n\omega) = \frac{T}{\sqrt{2\pi}} \sum_{n=-\infty}^{\infty} e^{-inT\xi} f(nT), \qquad \omega = \frac{2\pi}{T}$$

---

[1] この定理は，1949 年のシャノン (C. E. Shannon) の論文で知られているが，実はそれ以前に 1935 年にホイタッカー (Whittaker) によって証明されている．

が得られる．この両辺は $\{f(nT)|n \in \mathbb{Z}\}$ だけで決まることに注意しよう．左辺は，$\hat{f}$ を $n\omega$ ずつ平行移動した関数の和である．もしも，$\hat{f}$ の台が区間：$I = [-\omega/2, \omega/2] = [-\pi/T, \pi/T]$ に含まれるならば[*1)]，$\chi_I(t)$ を I の定義関数として

$$\hat{f}(\xi) = \chi_I(\xi) \sum_{n=-\infty}^{\infty} \hat{f}(\xi + n\omega) = \frac{T}{\sqrt{2\pi}} \sum_{n=-\infty}^{\infty} \chi_I(\xi) e^{-inT\xi} f(nT)$$

と書くことができる．$\hat{f}$ が得られれば，もちろん逆フーリエ変換で f は再構成できる．実際に計算すると

$$f(t) = \frac{T}{2\pi} \int_{-\infty}^{\infty} \left(\sum_{n=-\infty}^{\infty} \chi_I(\xi) e^{-inT\xi} f(nT) \right) e^{it\xi} d\xi$$

$$= \frac{T}{2\pi} \sum_{n=-\infty}^{\infty} \left(\int_{-\pi/T}^{\pi/T} e^{-i(t-nT)\xi} d\xi \right) f(nT)$$

となる．ここで，無限和と積分の順序交換ができることは，$\sum |f(nT)| < \infty$ であることからしたがう．右辺の積分は，例 3.4 で計算したように

$$\int_{-\pi/T}^{\pi/T} e^{it\xi} d\xi = \frac{2\pi}{T} \frac{\sin(\pi\xi/T)}{(\pi\xi/T)} = \frac{2\pi}{T} \operatorname{sinc}\left(\frac{\pi\xi}{T}\right)$$

であるから，上の式に代入して

$$f(t) = \sum_{n=-\infty}^{\infty} \operatorname{sinc}\left(\frac{\pi}{T}(t - nT)\right) f(nT) \tag{3.5}$$

という公式が得られる．

$$\operatorname{sinc}(m\pi) = \begin{cases} 1 & (m = 0), \\ 0 & (m \neq 0, m \in \mathbb{Z}) \end{cases}$$

なので，上の公式は $\{nT\}$ においてつじつまが合っている．以上より，次の定理が証明された．

[*1)] 関数 $f(t)$ の台は，$f(t)$ が 0 でない点の集合の閉包：
$$\operatorname{supp} f = \overline{\{t \in \mathbb{R} \mid f(t) \neq 0\}}$$
で定義される．

定理 3.20 (サンプリング定理). $f(t)$ を $\mathbb{R}$ 上の連続関数で, $f, \hat{f}, \hat{f}'$ は有界連続かつ可積分であると仮定する. $T > 0$ に対して

$$\operatorname{supp} \hat{f} \subset [-\pi/T, \pi/T] \tag{3.6}$$

を満たすならば, $f(t)$ は $\{f(nT) | n \in \mathbb{Z}\}$ から再構成できる. 特に, 公式 (3.5) が成り立つ.

サンプリングの間隔 $T > 0$ に対応する周波数は $f_S = 2\pi/T$ であり, これは「サンプリング周波数」と呼ばれる. サンプリング定理は, もし $f(t)$ のフーリエ変換の台が $[-f_S/2, f_S/2]$ に含まれている, 言い換えれば f の周波数の分布が $[0, f_S/2]$ の内部にあると仮定すれば, $f(t)$ が再構成できることを主張している. $f_N = f_S/2$ は「ナイキスト周波数」と呼ばれる.

f が条件 (3.6) を満たしていない場合はどうなるだろうか？ この場合も, 公式 (3.5) の右辺は, $\{nT\}$ において $f(t)$ と一致する関数を定義する. しかし, この関数は $f(t)$ と一致するとは限らない. なぜなら

$$\sum_{n=-\infty}^{\infty} \operatorname{sinc}\left(\frac{\pi}{T}(t-nT)\right) f(nT) = \mathfrak{F}^*\left[\sum_{n=-\infty}^{\infty} \chi_I(\xi) \hat{f}(\xi + n\omega)\right](t)$$

であり, これには $\hat{f}(\xi \pm \omega), \hat{f}(\xi \pm 2\omega), \ldots$, からの寄与が含まれている. この誤差は,「折り返し雑音」または「エイリアス雑音」と呼ばれている.

4

多変数のフーリエ変換

 この章では，d を 1 以上の整数として，d 次元ユークリッド空間 $\mathbb{R}^d$ 上の関数のフーリエ変換について考える．ほとんどの命題は，1 変数の場合と同様に証明できるので，記号や用語の使い方，具体例などを中心に述べることにしよう．応用としては，熱方程式と，量子力学の定式化への応用を述べる．ほかの応用は，第 6 章まで待つことにしよう．

4.1　ユークリッド空間 $\mathbb{R}^d$ 上の関数のフーリエ変換

 最初に，$\mathbb{R}^d$ に関する記号を用意しよう．

$$x = (x_1, x_2, \ldots, x_d), \quad y = (y_1, y_2, \ldots, y_d) \in \mathbb{R}^d$$

とするとき，ユークリッドの内積を

$$x \cdot y = \sum_{j=1}^{d} x_j y_j$$

で表す．また，$x \in \mathbb{R}^d$ に対して，その 2 乗を

$$x^2 = |x|^2 = x \cdot x = \sum_{j=1}^{d} |x_j|^2$$

と書くことにする．一方，$\alpha = (\alpha_1, \alpha_2, \ldots, \alpha_d) \in \mathbb{Z}_+^d$ を，非負の整数を成分とするベクトルとする[*1)]．このとき，α を**多重指数**(multi-index) と呼ぶ．多重

[*1)]　$\mathbb{Z}_+ = \{0, 1, 2, \ldots\}$ と書く．

指数 α の長さは

$$|\alpha|_+ = \sum_{j=1}^{d} \alpha_j$$

と定義する．$x \in \mathbb{R}^d$, α が多重指数のとき，x の α べきを

$$x^\alpha = x^{\alpha_1} x^{\alpha_2} \cdots x_d^{\alpha_d} = \prod_{j=1}^{d} x_j^{\alpha_j}$$

により定義する．偏微分のベクトル (グラディエント) を

$$\partial_x = \frac{\partial}{\partial x} = \left(\frac{\partial}{\partial x_1}, \ldots, \frac{\partial}{\partial x_d} \right)$$

と書く．高階の偏微分は，多重指数 α を用いて

$$\partial_x^\alpha = \left(\frac{\partial}{\partial x} \right)^\alpha = \prod_{j=1}^{d} \left(\frac{\partial}{\partial x_j} \right)^{\alpha_j}$$

と表現することができる．

定義 4.1. $f = f(x)$ を $\mathbb{R}^d$ 上の関数とする．f が**可積分**(integrable) であるとは，任意の有界な立方体上で f の積分が定義できて

$$\int_{\mathbb{R}^d} |f(x)| dx := \lim_{R \to \infty} \int_{|x|<R} |f(x)| dx < \infty$$

が成り立つこと．このとき，$f \in L^1(\mathbb{R}^d)$ とも書く．

定義 4.2. f を $\mathbb{R}^d$ 上の可積分関数とするとき

$$\hat{f}(\xi) = (\mathfrak{F}f)(\xi) = (2\pi)^{-d/2} \int_{\mathbb{R}^d} f(x) e^{-ix \cdot \xi} dx \qquad (\xi \in \mathbb{R}^d),$$

$$\check{f}(x) = (\mathfrak{F}^* f)(x) = (2\pi)^{-d/2} \int_{\mathbb{R}^d} f(\xi) e^{ix \cdot \xi} d\xi \qquad (x \in \mathbb{R}^d)$$

と定義する．$\hat{f}$ を f のフーリエ変換，$\check{f}$ を f の逆フーリエ変換と呼ぶ ($d = 1$ の場合は，定義 3.2 に一致する)．

$\mathbb{R}^d$ 上のフーリエ変換, 逆フーリエ変換が, 1 変数の場合と同様の性質を満たすことを, 以下見ていこう.

命題 4.1. (i) $\mathfrak{F}, \mathfrak{F}^*$ は線形写像である. つまり, $f, g \in L^1(\mathbb{R}^d)$, $a, b \in \mathbb{C}$ ならば

$$\mathfrak{F}[af + bg](\xi) = a\hat{f}(\xi) + b\hat{g}(\xi) \qquad (\xi \in \mathbb{R}^d),$$
$$\mathfrak{F}^*[af + bg](x) = a\check{f}(x) + b\check{g}(x) \qquad (x \in \mathbb{R}^d).$$

(ii) A が $\mathbb{R}^d$ 上の正則な実行列として, $f \in L^1(\mathbb{R}^d)$ に対して $\tilde{f}(x) = f(Ax)$ とおく. このとき

$$\mathfrak{F}[\tilde{f}](\xi) = |\det A|^{-1} \hat{f}(A^{-1}\xi) \qquad (\xi \in \mathbb{R}^d)$$

が成り立つ. 特に, A が直交行列ならば

$$\mathfrak{F}[\tilde{f}](\xi) = \hat{f}({}^tA\xi) \qquad (\xi \in \mathbb{R}^d).$$

(iii) $f \in L^1(\mathbb{R}^d)$ ならば, $\hat{f}, \check{f}$ は $\mathbb{R}^d$ 上の有界連続な関数である.

証明. (i) は定義から明らかだろう. (ii) は積分の変数変換の公式から直ちにしたがう. (iii) は命題 3.2 とほぼ同様に証明できる. 詳細は省略する. □

4.2 基本的な例

例 4.1. $f(x)$ が変数分離型である場合を最初に考えよう. つまり, 1 変数の関数 $f_1, f_2, \ldots, f_d$ を用いて

$$f(x) = f_1(x_1) f_2(x_2) \cdots f_d(x_d) = \prod_{j=1}^{d} f_j(x_j) \qquad (x \in \mathbb{R}^d)$$

と書けると仮定する. 各 f_j が可積分であれば,

$$\int_{\mathbb{R}^d} |f(x)| dx = \prod_{j=1}^{d} \int |f_j(x_j)| dx_j < \infty$$

であるから f は可積分であり，フーリエ変換が定義できる．このとき

$$\hat{f}(\xi) = (2\pi)^{-d/2} \int_{\mathbb{R}^d} f(x) e^{-ix\cdot\xi} dx$$
$$= (2\pi)^{-d/2} \int_{-\infty}^{\infty} \cdots \int_{-\infty}^{\infty} f_1(x_1)\cdots f_d(x_d) e^{-i(x_1\xi_1+\cdots+x_d\xi_d)} dx_1\cdots dx_d$$
$$= \prod_{j=1}^{d} \left[\frac{1}{\sqrt{2\pi}} \int_{-\infty}^{\infty} f_j(x_j) e^{-ix_j\xi_j} dx_j \right]$$
$$= \prod_{j=1}^{d} \hat{f}_j(\xi_j)$$

と書ける．つまり，各 f_j のフーリエ変換の積が f のフーリエ変換となる．

例 4.2. 例 4.1 で，各 f_j がガウス関数：$f_j(t) = e^{-\lambda^2 t^2/2}$ ($t \in \mathbb{R}, j = 1, \ldots, d$) の場合を考えよう．このときは

$$f(x) = \prod_{j=1}^{d} f_j(x_j) = e^{-\lambda^2(x_1^2+\cdots+x_d^2)} = e^{-\lambda^2 x^2/2}$$

であり，f は d 次元のガウス関数となる．上の結果より，このガウス関数のフーリエ変換は

$$\mathfrak{F}[e^{-\lambda^2 x^2/2}](\xi) = \prod_{j=1}^{d} \hat{f}_j(\xi_j) = \prod_{j=1}^{d} \left[\frac{1}{\lambda} e^{-\xi_j^2/2\lambda^2} \right] = \lambda^{-d} e^{-\xi^2/2\lambda^2}$$

が得られる．つまり，d 次元のガウス関数のフーリエ変換もガウス関数である．

例 4.3. 例 4.1 で，各 f_j が区間 $[-a_j, a_j] \subset \mathbb{R}$ の定義関数である場合を考えよう．このとき，例 3.4 の結果より

$$\hat{f}(\xi) = (2/\pi)^{-d/2} \prod_{j=1}^{d} \operatorname{sinc}(a_j \xi_j) \qquad (\xi \in \mathbb{R}^d)$$

が得られる．この関数は，すべての次元で，なめらかで無限遠で 0 に収束するが可積分でない関数である．

例 4.4. f を 3 次元ユークリッド空間 $\mathbb{R}^3$ 上の球対称な可積分関数とする．このとき，すべての直交行列 (回転行列) A に対して $f(x) = f(Ax)$ なので，命題 4.1 より $\hat{f}(\xi) = \hat{f}(A^{-1}\xi)$，したがって $\hat{f}$ も球対称であることが分かる．$f(x) = g(r)$, $r = |x|$ と表して，$\hat{f}$ を計算してみよう．$\xi_0 = (0, 0, \rho)$, $\rho > 0$ とおいて $\hat{f}(\xi_0)$ を計算する．極座標を

$$\begin{cases} x_1 = r\cos\theta\cos\varphi, \\ x_2 = r\sin\theta\cos\varphi, \\ x_3 = r\sin\varphi \end{cases} \left(0 \leq \theta \leq 2\pi, -\frac{\pi}{2} \leq \varphi \leq \frac{\pi}{2}\right)$$

とおいて，極座標系で積分を実行すると

$$\hat{f}(\xi) = (2\pi)^{-3/2} \int_0^\infty \int_{-\pi/2}^{\pi/2} \int_0^{2\pi} g(r) e^{-ir\rho \sin\varphi} r^2 \cos\varphi\, d\theta\, d\varphi\, dr$$
$$= \frac{1}{\sqrt{2\pi}} \int_0^\infty \left(\int_{-\pi/2}^{\pi/2} e^{-ir\rho \sin\varphi} \cos\varphi\, d\varphi\right) g(r)\, dr.$$

ここで $t = \sin\varphi$ とおいて括弧の中の積分を実行すると

$$\int_{-\pi/2}^{\pi/2} e^{-ir\rho \sin\varphi} \cos\varphi\, d\varphi = \int_{-1}^{1} e^{-ir\rho t}\, dt = 2\,\mathrm{sinc}(r\rho)$$

となる．したがって

$$\hat{f}(\xi_0) = \sqrt{\frac{2}{\pi}} \int_0^\infty \mathrm{sinc}(r\rho) r^2 g(r)\, dr$$

となる．また，上の計算より

$$f \text{ が可積分} \iff \int_0^\infty |g(r)| r^2\, dr < \infty$$

も分かる．そして，このとき

$$\hat{f}(\xi) = \sqrt{\frac{2}{\pi}} \int_0^\infty \mathrm{sinc}(r|\xi|) r^2 g(r)\, dr$$

という公式が得られた．3 次元以外の場合は，球対称関数のフーリエ変換はベッセル関数を用いて表現できる．これについては，例えば文献 [12]，2.11 節に説明されている．

例 4.5. 例 4.4 で, $f(x) = e^{-ar}/r$ の場合を考えよう. これは, 湯川ポテンシャルと呼ばれる関数である. このとき f は可積分で

$$\hat{f}(\xi) = \sqrt{\frac{2}{\pi}} \int_0^\infty \frac{\sin(r|\xi|)}{r|\xi|} \frac{e^{-ar}}{r} r^2 dr$$
$$= \sqrt{\frac{2}{\pi}} \frac{1}{|\xi|} \int_0^\infty \sin(r|\xi|) e^{-ar} dr$$

となる. 最後の積分は, オイラーの公式を用いると

$$\int_0^\infty \sin(r|\xi|) e^{-ar} dr = \frac{1}{2i} \left(\int_0^\infty e^{-(a-i|\xi|)r} dr - \int_0^\infty e^{-(a+i|\xi|)r} dr \right)$$
$$= \frac{1}{2i} \left(\frac{1}{a+i|\xi|} - \frac{1}{a-i|\xi|} \right) = \frac{|\xi|}{a^2 + |\xi|^2}$$

と計算できる. したがって

$$\mathfrak{F}\left[\frac{e^{-ar}}{r}\right](\xi) = \sqrt{\frac{2}{\pi}} \frac{1}{a^2 + |\xi|^2}$$

となる. 右辺は可積分関数ではないが, e^{-ar}/r は有界関数ではないので, 不自然ではない.

4.3 多変数のフーリエ変換の基本的性質

ここでは, $\mathbb{R}^d$ 上のフーリエ変換, 逆変換の基本的な性質をまとめておこう.

命題 4.2. f が ($\mathbb{R}^d$ 上の) 有界連続な可積分関数であれば,

$$f(x) = \lim_{\varepsilon \to 0} (2\pi)^{-d/2} \int_{\mathbb{R}^d} e^{-\varepsilon^2 \xi^2/2} e^{ix \cdot \xi} \hat{f}(\xi) d\xi \qquad (x \in \mathbb{R}^d).$$

この命題は, 定理 3.3 と同様に, ガウス関数のフーリエ変換 (例 4.2) と, 次の命題を組み合わせて証明される. この命題は他の所でも用いられるので, 定理として述べておこう.

定理 4.3. $g_\varepsilon(x)$ ($\varepsilon > 0, x \in \mathbb{R}^d$) を, ε をパラメーターとする $\mathbb{R}^d$ 上の有界連続関数で, 次の条件を満たすものとする.

1) ある定数 M が存在して,任意の $\varepsilon > 0$ に対して

$$\int_{\mathbb{R}^d} g_\varepsilon(x) dx = 1, \qquad \int_{\mathbb{R}^d} |g_\varepsilon(x)| dx \leq M.$$

2) 任意の $\delta > 0$ に対して

$$\lim_{\varepsilon \to 0} \int_{|x| \geq \delta} |g_\varepsilon(x)| dx = 0.$$

以上の仮定の下で,任意の有界連続関数 f について

$$\lim_{\varepsilon \to 0} \int_{\mathbb{R}^d} g_\varepsilon(x-y) f(y) dy = f(x) \qquad (x \in \mathbb{R}^d)$$

が成り立つ.

この定理の証明は,定理 3.4 とほとんど同じなので省略する.命題 4.2 より,次の反転公式が導かれる.

定理 4.4 (反転公式). $f, \hat{f}$ が有界連続な可積分関数であれば,$f = \mathfrak{F}^* \hat{f}$ が成り立つ.つまり

$$f(x) = (2\pi)^{-d/2} \int_{\mathbb{R}^d} e^{ix \cdot \xi} \hat{f}(\xi) d\xi \qquad (x \in \mathbb{R}^d).$$

同様に,$f = \mathfrak{F} \check{f}$ も成り立つ.

さて,$\mathbb{R}^d$ 上の関数の内積とノルムも,1 変数の場合と同様に

$$\langle f, g \rangle = \int_{\mathbb{R}^d} f(x) \overline{g(x)} dx, \qquad \|f\|^2 = \langle f, f \rangle = \int_{\mathbb{R}^d} |f(x)|^2 dx$$

で定義される.線形性,シュワルツの不等式,三角不等式,なども全く同様に成り立つ.反転公式から,(1 変数の場合と同様に) 次のプランシェレルの定理がしたがう.

定理 4.5 (プランシェレルの定理). $f, g, \hat{g}$ が有界連続な可積分関数ならば

$$\langle f, g \rangle = \langle \hat{f}, \hat{g} \rangle.$$

また，f が有界可積分関数ならば[*1)]

$$\|f\| = \|\hat{f}\|.$$

次に，平行移動とフーリエ変換の関係を考えよう．$\mathbb{R}^d$ 上の関数の平行移動は，$\mu \in \mathbb{R}^d$ に対して

$$(T_\mu f)(x) = f(x - \mu) \qquad (x \in \mathbb{R}^d)$$

で定義される．$T_\mu f$ のフーリエ変換は

$$\begin{aligned}\mathfrak{F}[T_\mu f](\xi) &= (2\pi)^{-d/2} \int_{\mathbb{R}^d} e^{-ix\cdot\xi} f(x - \mu) dx \\ &= (2\pi)^{-d/2} \int_{\mathbb{R}^d} e^{-i(y+\mu)\cdot\xi} f(y) dy \\ &= e^{-i\mu\cdot\xi} \hat{f}(\xi)\end{aligned}$$

となる．同様にして

$$\begin{aligned}\mathfrak{F}[e^{i\mu\cdot x} f(x)](\xi) &= (2\pi)^{-d/2} \int_{\mathbb{R}^d} e^{i\mu\cdot x} e^{-ix\cdot\xi} f(x) dx \\ &= \hat{f}(\xi - \mu) = (T_\mu \hat{f})(\xi)\end{aligned}$$

となる．これらをまとめると，命題 3.8 と同様に，次の命題が得られる．

命題 4.6. f が可積分関数ならば，$\mu \in \mathbb{R}^d$ に対して，以下の公式が成り立つ．

$$\mathfrak{F}[T_\mu f](\xi) = e^{-i\mu\cdot\xi} \hat{f}(\xi), \qquad \mathfrak{F}[e^{i\mu\cdot x} f(x)](\xi) = (T_\mu \hat{f})(\xi),$$
$$\mathfrak{F}^*[T_\mu f](x) = e^{-i\mu\cdot x} \check{f}(x), \qquad \mathfrak{F}^*[e^{-i\mu\cdot\xi} f(\xi)](x) = (T_\mu \check{f})(x).$$

例 4.6. 上の命題を用いて，立方体の定義関数のフーリエ変換を計算してみよ

[*1)] 1 変数の場合と同様に，形式的にはこの主張は前半から導かれるが，厳密な証明はもうすこし複雑である．文献 [9] などを参照．

う．考える立方体を

$$\Omega = [a_1, b_1] \times [a_2, b_2] \times \cdots \times [a_d, b_d] \subset \mathbb{R}^d$$

とする．$\mu_j = (a_j + b_j)/2$, $\nu_j = (b_j - a_j)/2$ とすると，Ω は 0 を中心とする立方体：

$$\Omega_0 = [-\nu_1, \nu_1] \times [\nu_2, \nu_2] \times \cdots \times [\nu_d, \nu_d]$$

を $\mu = (\mu_1, \mu_2, \ldots, \mu_d)$ だけ平行移動した集合になる．例 4.3 より

$$\mathfrak{F}[\chi_{\Omega_0}](\xi) = (2/\pi)^{-d/2} \prod_{j=1}^{d} \mathrm{sinc}(\nu_j \xi_j).$$

したがって，上の命題より

$$\mathfrak{F}[\chi_{\Omega}](\xi) = \mathfrak{F}[T_\mu \chi_{\Omega_0}](\xi) = (2/\pi)^{-d/2} e^{-i\mu \cdot \xi} \prod_{j=1}^{d} \mathrm{sinc}(\nu_j \xi_j)$$

であることが分かる．

命題 4.6 より，微分に関しても次の命題が導かれる．

命題 4.7. f を $\mathbb{R}^d$ 上の可積分関数，$j \in \{1, 2, \ldots, d\}$ とする．もし f が x_j 変数に関して C^1-級関数であり，$\partial f/\partial x_j$ も可積分ならば

$$\mathfrak{F}\left[\frac{\partial f}{\partial x_j}\right](\xi) = i\xi_j \hat{f}(\xi) \qquad (\xi \in \mathbb{R}^d)$$

が成り立つ．特にこのとき，定数 $C > 0$ が存在して

$$|\hat{f}(\xi)| \leq C|\xi_j|^{-1} \qquad (\xi \in \mathbb{R}^d).$$

上の命題を繰り返して用いることにより，次の定理が証明される．

定理 4.8. N を正の整数とする．f が C^N-級関数で，長さ N 以下のすべての多重指数 α ($|\alpha|_+ = \sum \alpha_j \leq N$) について，$\partial_x^\alpha f$ は可積分であると仮定する．

すると

$$\mathfrak{F}[\partial_x^\alpha f(x)](\xi) = (i\xi)^\alpha \hat{f}(\xi) \qquad (\xi \in \mathbb{R}^d),$$
$$\mathfrak{F}^*[\partial_\xi^\alpha f(\xi)](x) = (-ix)^\alpha \check{f}(x) \qquad (x \in \mathbb{R}^d)$$

が成り立つ．ここで，α は長さ N 以下の任意の多重指数である．特にこのとき，$C > 0$ が存在して

$$|\hat{f}(\xi)| \leq C(1+|\xi|)^{-N} \qquad (\xi \in \mathbb{R}^d)$$

が成り立つ．

さらに，これを用いて次の定理が証明できる．

定理 4.9. N を $N > d/2$ を満たす整数とする．f が C^N-級関数で，長さ N 以下のすべての多重指数 α について $\partial_\xi^\alpha f$ は有界可積分であると仮定すると，$\hat{f}$ は可積分である．

証明のスケッチ．簡単のため，N は偶数であるとしよう．$N = 2m$ とおく．すると

$$(1+|\xi|^2)^m \hat{f}(\xi) = \mathfrak{F}\big[(1-\triangle)^m f\big](\xi)$$

が成り立つ．ここで，$\triangle$ はラプラス作用素：

$$\triangle = \sum_{j=1}^d \frac{\partial^2}{\partial x_j^2}$$

である．仮定より $(1-\triangle)^m f$ は有界な可積分関数である．また，$m > d/4$ だから

$$g(\xi) = (1+\xi^2)^{-m}$$

は L^2-条件を満たす．したがって，シュワルツの不等式より

$$\int |\hat{f}(\xi)|d\xi = \int g(\xi)|(1+\xi^2)^m \hat{f}(\xi)|d\xi$$
$$\leq \|g\| \, \|(1+\xi^2)^m \hat{f}(\xi)\|$$
$$= \|g\| \, \|(1-\triangle)^m f\| < \infty$$

が成り立ち，$\hat{f}$ は可積分であることが分かる． □

定理 4.10 (リーマン・ルベーグの定理)．f が $\mathbb{R}^d$ 上の可積分関数なら，$|\xi| \to \infty$ のとき $\hat{f}(\xi) \to 0$．

証明のスケッチ． 例 4.6 を用いて 1 変数の場合と同じように証明することもできるが，ここでは定理 4.8 を用いる証明を紹介しよう．f が可積分ならば，任意の $\varepsilon > 0$ に対して，有界な台を持つ C^1-級関数 g で

$$\int_{\mathbb{R}^d} |f(x) - g(x)|dx < \varepsilon$$

を満たすものが存在する[*1)]．定理 4.8 を用いると，$\hat{g}(\xi) = O(|\xi|^{-1})$ であり，一方

$$|\hat{f}(\xi) - \hat{g}(\xi)| \leq (2\pi)^{-d/2}\varepsilon \qquad (\xi \in \mathbb{R}^d)$$

が成り立つ．したがって，$|\xi|$ が十分大きいとき $|\hat{f}(\xi)| \leq 2(2\pi)^{-d/2}\varepsilon$ が成り立つ．$\varepsilon > 0$ は任意に小さく取れるので，これは定理の主張を証明している． □

$\mathbb{R}^d$ 上の関数 f, g のたたみこみは，

$$f * g(x) = \int_{\mathbb{R}^d} f(x-y)g(y)dy$$

で定義される．たたみこみとフーリエ変換の関係は，次のようになる．

定理 4.11. (i) f, g が有界可積分関数ならば，$f * g$ は有界可積分な連続関数で，次の公式が成り立つ．

[*1)] 近似関数 $g(x)$ はたたみこみを用いて構成できるが，厳密な証明はルベーグ積分論を用いるのがふつうである．ここでは省略する．例えば，文献 [8],[9] を見よ．

$$\mathfrak{F}[f*g](\xi) = (2\pi)^{d/2}\hat{f}(\xi)\hat{g}(\xi) \qquad (\xi \in \mathbb{R}^d),$$
$$\mathfrak{F}^*[f*g](x) = (2\pi)^{d/2}\check{f}(x)\check{g}(x) \qquad (x \in \mathbb{R}^d).$$

(ii) f, g, $\hat{g}$ が有界可積分ならば

$$\mathfrak{F}[fg](\xi) = (2\pi)^{-d/2}(\hat{f}*\hat{g})(\xi) \qquad (\xi \in \mathbb{R}^d),$$
$$\mathfrak{F}^*[fg](x) = (2\pi)^{-d/2}(\check{f}*\check{g})(x) \qquad (x \in \mathbb{R}^d).$$

証明は，定理 3.17 と全く同様なので省略する．

4.4 熱方程式への応用

フーリエ変換を偏微分方程式に応用しようとすると，多くの場合，後で述べる超関数のフーリエ変換を用いる必要がある．ここでは，超関数を用いずに議論できる，$\mathbb{R}^d$ 上の熱方程式の解法について調べることにしよう．

d 次元ユークリッド空間 $\mathbb{R}^d$ での熱方程式は，点 $x \in \mathbb{R}^d$, 時刻 $t \geq 0$ での温度を $u(x,t)$ と書くことにすると

$$\begin{cases} \dfrac{\partial u}{\partial t}(x,t) = \triangle u(x,t) & (x \in \mathbb{R}^d, t > 0), \\ u(x,0) = f(x) & (x \in \mathbb{R}^d) \end{cases} \tag{4.1}$$

と書くことができる．ここで，f は $t=0$ での初期温度分布，$\triangle$ はラプラス作用素である．$u(x,t)$ が C^2-級関数で，$\partial_t u$, $\triangle u$, f が x について可積分であると仮定して，x についてフーリエ変換をすると (1 変数の場合と同様に)

$$\begin{cases} \dfrac{\partial \hat{u}}{\partial t}(\xi,t) = -\xi^2 \hat{u}(\xi,t) & (\xi \in \mathbb{R}^d, t > 0), \\ \hat{u}(\xi,0) = \hat{f}(\xi) & (\xi \in \mathbb{R}^d) \end{cases}$$

が導かれる．これより，

$$\hat{u}(\xi,t) = e^{-\xi^2 t}\hat{f}(\xi)$$

と解けて，逆フーリエ変換を施すことにより

$$u(x,t) = \mathfrak{F}^*\bigl[e^{-\xi^2 t}\hat{f}(\xi)\bigr](x)$$
$$= (2\pi)^{-d/2}\bigl(\mathfrak{F}^*\bigl[e^{-\xi^2 t}\bigr] * f\bigr)(x)$$
$$= (4\pi t)^{-d/2}\bigl(e^{-x^2/4t} * f\bigr)(x)$$
$$= (4\pi t)^{-d/2}\int_{\mathbb{R}^d} e^{-(x-y)^2/4t}f(y)dy$$

が得られる．グリーン関数を

$$G(x,t) = (4\pi t)^{-d/2}e^{-x^2/4t}$$

とおくことにより，1変数の場合と同様に

$$u(x,t) = \int_{\mathbb{R}^d} G(x-y,t)f(y)dy \tag{4.2}$$

という解が得られる．一般に，f が有界連続関数であれば，(4.2)で定義される $u(x,t)$ が $t>0$ で熱方程式を満たす有界関数であることは，直接計算することにより容易に確かめられる．また，定理4.3により，$t\to 0$ のとき，各点で $u(x,t)$ は $f(x)$ に収束することが分かる．つまり，(4.2) で与えられる $u(x,t)$ は熱方程式の一つの解を与えている（これは，(4.2)を計算するときに仮定した f の条件なしに成立することに注意しよう）．実際，他に有界な解は存在しないことが証明できる．フーリエ解析からは少し横道にそれるが，この事実を証明しておこう．

定理 4.12. f が有界連続関数であれば，(4.2) で与えられる $u(x,t)$ は熱方程式 (4.1) の解であり，$t>0$ で無限回微分可能である．さらに，$v(x,t)$ が (4.1) の C^2-級の解であり，ある定数 $a,b>0$ について $|v(x,t)|\le ae^{b|x|}$ を満たすならば，$u(x,t)\equiv v(x,t)$ である．

証明．最後の主張以外は，既に上で見た．無限回微分可能なことは，積分と微分の順序交換ができることから容易に示せる．

$$w(x,t) = u(x,t) - v(x,t)$$

4.4 熱方程式への応用

とおいて, $w(x,t) \equiv 0$ を示そう. w は熱方程式の C^2-級の解であり, $t=0$ で初期条件 $w(x,0) = 0$ を満たす. また, u は有界なので, ある定数 $a,b > 0$ があって, $|w(x,t)| \leq a, e^{b|x|}$ を満たす. また, w は実関数と仮定してよい (実部と虚部を分けて考えればよい).

$$\varphi(x,t) = e^{-ct}e^{-(b+1)\sqrt{x^2+1}}w(x,t)$$

とおくと, $w(x,t) = e^{ct}e^{(b+1)\sqrt{x^2+1}}\varphi(x,t)$ なので

$$\partial_t w(x,t) = e^{ct}e^{(b+1)\sqrt{x^2+1}}(\partial_t\varphi(x,t) + c\varphi(x,t))$$

$$\triangle w(x,t) = e^{ct}e^{(b+1)\sqrt{x^2+1}}\left(\partial_x + (b+1)\frac{x}{\sqrt{x^2+1}}\right)^2\varphi(x,t)$$

$$= e^{ct}e^{(b+1)\sqrt{x^2+1}}(\triangle\varphi(x,t) + \alpha(x)\cdot\partial_x\varphi(x,t) + \beta(x)\varphi(x,t))$$

を満たす. ここで

$$\alpha_j(x) = 2(b+1)\frac{x_j}{\sqrt{x^2+1}},$$

$$\beta(x) = (b+1)^2\frac{x^2}{x^2+1} + (b+1)\left(\frac{1}{\sqrt{x^2+1}} - \frac{x^2}{(x^2+1)^{3/2}}\right)$$

とおいた. $\alpha(x), \beta(x)$ は有界な関数である. これらを熱方程式に代入すると, φ の満たす方程式:

$$\partial_t\varphi(x,t) = \triangle\varphi(x,t) + \alpha(x)\cdot\partial_x\varphi(x,t) + (\beta(x) - c)\varphi(x,t) \qquad (4.3)$$

が得られる. c を, すべての $x \in \mathbb{R}^d$ について $\beta(x) - c < 0$ となるように十分大きく選び, 固定する. $T > 0$ を任意に決める. $\varphi(x,t)$ は $\mathbb{R}^d \times (0,T]$ で正の最大値を取らないことに示そう. 実際, もし (x_0, t_0) で最大値を持つとすると

$$\partial_t\varphi(x_0,t_0) \geq 0, \quad \varphi(x_0,t_0) > 0, \quad \partial_x\varphi(x_0,t_0) = 0, \quad \triangle\varphi(x_0,t_0) \leq 0$$

となる. 最初の不等式は, $t_0 < T$ ならば $\partial_t\varphi(x_0,t_0) = 0$, $t_0 = T$ ならば $\partial_t\varphi(x_0,t_0) \geq 0$ であることからしたがう. したがって (4.3) の左辺は非負であり, ($\beta(x) - c < 0$ だから) 右辺は負である. これは矛盾である. 同様にして,

$\varphi(x,t)$ は負の最小値も取り得ないことが示される. また, 構成より $|x| \to \infty$ のとき $\varphi(x,t) \to 0$ であり, $t = 0$ では $\varphi(x,0) = 0$ だから, $\varphi(x,t) \equiv 0$ でなければならない. これより $w(x,t) \equiv 0$ が導かれる. □

4.5 量子力学の定式化への応用

ここでは, フーリエ変換の考え方が, どのように量子力学の定式化, つまり, **量子化**(quantization) の手続きに用いられるかを見てみよう. 今まで考察してきた古典的な偏微分方程式 (熱方程式, ラプラス方程式, 波動方程式) においては, フーリエ解析はいわば便利な道具であり, 波動的振る舞いを捉えるための枠組みであった. 量子力学においては, フーリエ変数 ξ は直接物理的意味を持ち, フーリエ解析なしでは方程式の意味を理解することもおぼつかない. 残念ながら, 量子力学の数学的にきちんとした定式化には関数解析の枠組みも不可欠であり, この本の範囲を越える. 興味を持った読者は, 巻末の文献 [16] などを参考にしてほしい.

量子力学の (一つの) 出発点は, 物質波の考え方である. ド・ブローイの物質波の仮説によれば, ユークリッド空間 $\mathbb{R}^d$ の中を運動する運動量 ξ の自由粒子は, 平面波 $(2\pi)^{-d/2} e^{i\xi \cdot x}$ で表される (ここで, プランク定数 $\hbar = 1$ となるように単位系を選んだ). 時間変数 t も考慮する場合は, エネルギー E の単振動を表す関数 e^{-iEt} をかけて

$$\psi_0(E,\xi;t,x) = (2\pi)^{-d/2} e^{-iEt+i\xi \cdot x} \qquad (t \in \mathbb{R}, x \in \mathbb{R}^d)$$

がエネルギー E, 運動量 ξ の自由粒子を記述する. 一般の粒子を記述する**波動関数**(wave function) は, この平面波の重ね合わせである, と考える. つまり, φ をある関数 (例えば有界可積分関数) として

$$\begin{aligned}\psi(t,x) &= \int_{\mathbb{R}^d} \varphi(\xi)\psi_0(E,\xi;t,x)d\xi \\ &= (2\pi)^{-d/2} \int_{\mathbb{R}^d} \varphi(\xi) e^{-iEt+i\xi \cdot x} d\xi \end{aligned} \qquad (4.4)$$

が波動関数であると考えるのである. $t = 0$ においては, これはちょうどフー

リエ逆変換の形をしており，プランシェレルの定理より，ψ は x について L^2-条件を満たす有界連続関数になる．非相対論的な自由粒子に関しては，エネルギーは $E = \frac{1}{2m}\xi^2$ と書けるので，E は ξ の関数と考えてもよいのだが，ここでは未知の量であるとしておこう．

量子力学の理論 (いわゆる「コペンハーゲン解釈」) によれば，$|\psi(t,x)|^2$ が，時間 t, 点 x における粒子の存在確率密度を表している．$\psi(t,x)$ はどのような微分方程式を満たすのかを考えてみよう．まず，ψ が 2 回連続微分可能と仮定すれば

$$\partial_t \psi(t,x) = (2\pi)^{-d/2} \int (-iE)\varphi(\xi) e^{-iE+i\xi\cdot x} d\xi,$$

$$\partial_x \psi(t,x) = (2\pi)^{-d/2} \int i\xi\, \varphi(\xi) e^{-iE+i\xi\cdot x} d\xi,$$

$$\triangle \psi(t,x) = (2\pi)^{-d/2} \int (-\xi^2)\varphi(\xi) e^{-iE+i\xi\cdot x} d\xi$$

が得られる (これは，フーリエ変換の微分公式そのものである)．今，粒子はポテンシャル場 $V(x)$ の中を運動しているとしよう．古典力学によれば，粒子の持つ全エネルギーは，m を粒子の質量，ξ を運動量とすると

$$E = \frac{1}{2m}\xi^2 + V(x) \tag{4.5}$$

で与えられる．この古典力学のエネルギーの公式が，量子力学の波動関数の表現の中のエネルギー E を与える，と考えて代入するのが量子化の手続きである．すると，上の公式より

$$\begin{aligned}\partial_t \psi(t,x) &= (2\pi)^{-d/2} \int (-iE)\varphi(\xi) e^{-iE+i\xi\cdot x} d\xi, \\ &= -i(2\pi)^{-d/2} \int \Big(\frac{1}{2m}\xi^2 + V(x)\Big)\varphi(\xi) e^{-iE+i\xi\cdot x} d\xi, \\ &= -i\Big\{-\frac{1}{2m}\triangle \psi(t,x) + V(x)\psi(t,x)\Big\}\end{aligned}$$

が導かれる．つまり

$$i\partial_t \psi(t,x) = -\frac{1}{2m}\triangle \psi(t,x) + V(x)\psi(t,x)$$

が ψ の満たすべき方程式となる．これが，シュレディンガー方程式(Schrödinger equation) である．上の手続きを，物質波の表現を経ずに

$$E \longleftrightarrow i\partial_t, \quad \xi \longleftrightarrow -i\partial_x$$

という対応を仮定し，(4.5) に代入して同じ結果を得るのが，**正準量子化**(canonical quantization) である．

さて，波動関数 $\psi(t,x)$ の満たすべき性質のうちで，もっとも大切な性質は，L^2-条件：

$$\|\psi(t,\cdot)\|^2 = \int_{\mathbb{R}^d} |\psi(t,x)|^2 dx < \infty$$

である．なぜなら，$|\psi(t,x)|^2$ が粒子の存在確率密度であれば，$\|\psi(t,\cdot)\|^2$ は時刻 t での全確率を表しており，$\|\psi(t,\cdot)\| = 1$ と仮定するのが自然である．しかし，ψ が L^2-条件を満たせば，定数倍してノルムを 1 にすることができるし，線形空間で考察する方が便利なので，普通は L^2-条件のみを課して考える．$|\psi(t,x)|^2$ は確率密度なので，(生成消滅を考えない限り) 全確率は時間に関して不変であるべきである．つまり

$$\|\psi(t,\cdot)\| = \|\psi(0,\cdot)\| \quad (t \in \mathbb{R})$$

であることが期待される．これが成り立つとき，時間発展は**ユニタリー**(unitary) であると呼ばれる．シュレディンガー方程式からこの事実が導かれることを (形式的に) 示そう．ハミルトニアン(ハミルトン作用素, Hamiltonian) H を

$$Hf(x) = -\frac{1}{2m}\triangle f(x) + V(x)f(x)$$

で定義する．H を用いると，シュレディンガー方程式は $i\partial_t \psi = H\psi$ と書ける．u,v が，遠方で十分速く減少する $\mathbb{R}^d$ 上の C^2-級関数であれば，グリーンの公式 (あるいは部分積分) により

$$\langle Hu, v \rangle = \langle u, Hv \rangle$$

が成り立つことが示される．ここでは，$V(x)$ が実数値関数であることを用いた．$\psi(t,x)$ はシュレディンガー方程式の解だから

4.5 量子力学の定式化への応用

$$\frac{d}{dt}\|\psi(t,\cdot)\|^2 = \left\langle \frac{\partial \psi}{\partial t}, \psi \right\rangle + \left\langle \psi, \frac{\partial \psi}{\partial t} \right\rangle$$
$$= \langle -iH\psi, \psi \rangle + \langle \psi, -iH\psi \rangle$$
$$= -i\bigl(\langle H\psi, \psi \rangle - \langle \psi, H\psi \rangle\bigr) = 0$$

となる．つまり，$\|\psi(t,\cdot)\|$ は t に依存しない定数である．

さて，(4.4) に戻ると，反転公式により φ は ($\psi(t,\cdot)$ が可積分ならば) $\psi(t,\cdot)$ のフーリエ変換である．

$$\varphi(t,\xi) = \mathfrak{F}[\psi(t,\cdot)](\xi)$$

とおけば，$\varphi(0,\xi) = \varphi(\xi)$ であり，プランシェレルの定理より

$$\|\varphi(t,\cdot)\| = \|\psi(t,\cdot)\| = \|\psi(0,\cdot)\| = \|\varphi\|$$

が成り立つ．つまり，$\varphi(t,\xi)$ もユニタリーな時間発展をしていると考えられる．$\varphi(t,\xi)$ は，波動関数の「運動量空間」での表現と考えることができる．つまり，$|\varphi(t,\xi)|^2$ は，時刻 t，運動量 ξ での粒子の存在確率密度を与えている．

最初にも述べたように，量子力学の数学的定式化には関数解析が不可欠で，シュレディンガー方程式の解の存在も簡単には示せない．しかし，$V \equiv 0$ の場合，つまり自由場の場合については，解はフーリエ変換を用いて書き下せる．これについては 6.6 節で計算しよう．

5

超 関 数

　この章では，シュワルツの超関数の理論について学ぶ．一般に，「汎関数」(functional) とは，関数の集合から複素数の集合 $\mathbb{C}$ への写像のことである．超関数とは，関数の線形汎関数としての側面に注目して関数の概念を拡張したものである．超関数の概念の導入によって，偏微分方程式の理論をはじめとして，解析学の理論は大きく発展した．特に，フーリエ変換を考える上で，超関数の概念はとても有用である．なぜなら，多くの (実用上大切な) 関数のフーリエ変換は，ふつうの関数にならない．しかし超関数としてはきちんと定義されるのである．このことから，第 3 章，第 4 章で学んだフーリエ変換の結果は大幅に拡張され，いろいろな形式的な計算が正当化できるようになる．ここでは，最初に超関数の定義と基本的な例を学んだ後，基礎的な演算 (線形演算，かけ算，微分，変数変換) について調べよう．その後で，超関数の列の収束について議論し，いくつかの興味深い公式を紹介する．

5.1　ディラックのデルタ関数と超関数の定義

　ディラック (P. A. M. Dirac) は，量子力学の研究の過程で，次のような性質を満たす「関数」$\delta(x)$ を考えた．

$$\begin{cases} \delta(x) = 0 & (x \neq 0), \\ \int_{-\infty}^{\infty} \delta(x) dx = 1. \end{cases}$$

5.1 ディラックのデルタ関数と超関数の定義

だいたいの感じとしては，$\delta(x)$ は $x = 0$ 以外では 0 で，$\delta(0) = \infty$ となる「関数」であるように思えるが，よく考えると，このような関数はあり得ない．なぜなら，1 点での積分は，そこで関数がどのような値を取ろうと，0 以外にはなり得ないからである．しかし，実用上この「関数」$\delta(x)$ は (形式的な議論に) とても有用であった．これを数学的に正当化したのが，シュワルツ (L. Schwartz) の超関数 (distribution) の理論である．

デルタ関数は，それ自身が直接測定にかかったり，見ることができたりする関数ではない．むしろ，他の関数との積を積分することによって用いられる．そこで，「よい」関数 $\varphi(x)$ との積の積分：

$$\langle \delta, \varphi \rangle := \int_{-\infty}^{\infty} \delta(x)\varphi(x)dx$$

を考えることにする．右辺は，(形式的には)

$$(右辺) = \int_{-\infty}^{\infty} \delta(x)\varphi(0)dx + \int_{-\infty}^{\infty} \delta(x)(\varphi(x) - \varphi(0))dx$$

と書ける．第 1 項は，デルタ関数の積分の性質から $\varphi(0)$ であり，第 2 項は，$x = 0$ で $\varphi(x) - \varphi(0) = 0$ だから，$\delta(x) = 0$ $(x \neq 0)$ という性質から 0 になる．つまり

$$\langle \delta, \varphi \rangle = \varphi(0)$$

と考えられる．そこで，これを以てデルタ関数の定義としよう，というのが超関数の発想である．ここで現れる $\varphi(x)$ は，$\delta(x)$ を調べるために試しに組み合わせる関数，という意味で，**試験関数** (test function) と呼ばれる．

ここからは，d-次元ユークリッド空間 $\mathbb{R}^d$ 上で考えよう．$C_0^\infty(\mathbb{R}^d)$ を，$\mathbb{R}^d$ 上の無限界連続微分可能で，有界な台を持つ関数全体の集合とする．つまり，関数 φ の台を

$$\mathrm{supp}\,\varphi = \overline{\{x \in \mathbb{R}^d \mid \varphi(x) \neq 0\}}$$

と書くことにすれば

$$C_0^\infty(\mathbb{R}^d) = \{\varphi(x) \text{ は無限回微分可能で，} \mathrm{supp}\,\varphi \text{ は有界集合}\}$$

である．ここで，$\overline{F}$ は，集合 F の閉包 (F を含む最小の閉集合) である．この

とき
$$\varphi \in C_0^\infty(\mathbb{R}) \longmapsto \langle \delta, \varphi \rangle \in \mathbb{C}$$
は，$C_0^\infty(\mathbb{R})$ から $\mathbb{C}$ への線形写像と考えることができる．一般に，関数の集合から $\mathbb{C}$ への線形写像を**線形汎関数**(linear functional) と呼ぶ．

超関数の理論においては，
$$\mathcal{D}(\mathbb{R}^d) = C_0^\infty(\mathbb{R}^d)$$
という記法を用いることが多い．我々もこの伝統にしたがうことにしよう．

定義 5.1. T が**超関数**(distribution) であるとは，T は $\mathcal{D}(\mathbb{R}^d)$ から $\mathbb{C}$ への線形写像であり，次の意味で連続であること：$\varphi_j \in \mathcal{D}(\mathbb{R}^d)$ を関数列で，ある有界集合 $K \subset \mathbb{R}^d$ が存在して $\mathrm{supp}\, \varphi_j \subset K$ $(j = 1, 2, \ldots)$，しかも任意の多重指数 $\alpha \in \mathbb{Z}_+^d$ について
$$\sup_x |\partial_x^\alpha \varphi_j(x)| \to 0 \quad (j \to \infty)$$
を満たすと仮定する．すると
$$T(\varphi_j) \to 0 \quad (j \to \infty).$$
このとき，$T \in \mathcal{D}'(\mathbb{R}^d)$ と書く．

$T \in \mathcal{D}'(\mathbb{R}^d)$ は線形写像であるが，上のデルタ関数の場合と同様，
$$T(\varphi) = \langle T, \varphi \rangle \quad (\varphi \in \mathcal{D}(\mathbb{R}^d))$$
という記法を用いる．ここで，$\varphi \in \mathcal{D}(\mathbb{R}^d)$ は試験関数であり，超「関数」$T(x)$ を
$$\langle T, \varphi \rangle = \int T(x) \varphi(x) dx$$
と書くことを念頭においている．実際，以下に見るように，関数を超関数と見なす場合は，この形で定義するし，やや形式的だが $T = T(x)$ という書き方をする場合も多い．

5.2 超関数の例

例 5.1 (デルタ関数). デルタ関数 $\delta \in \mathcal{D}'(\mathbb{R}^d)$ は,

$$\langle \delta, \varphi \rangle = \varphi(0) \qquad (\varphi \in \mathcal{D}(\mathbb{R}^d))$$

で定義される. 念のため, 連続性を確かめておこう. $\varphi_j \in \mathcal{D}'(\mathbb{R}^d)$ が定義 5.1 の条件を満たすならば, 特に

$$\sup_x |\varphi_j(x)| \to 0 \qquad (j \to \infty)$$

である. したがって

$$\langle \delta, \varphi_j \rangle = \varphi_j(0) \to 0 \qquad (j \to \infty)$$

となり, 確かに連続性は成り立っている.

例 5.2 (局所可積分関数). ここでは, ふつうの関数を超関数と見なす方法について説明する. 関数 $f(x)$ が**局所可積分**(locally integrable)であるとは, すべての $R > 0$ について

$$\int_{B_R(0)} |f(x)| dx < \infty$$

であること. このとき, $f \in L^1_{\text{loc}}(\mathbb{R}^d)$ と書く. ここで, $B_R(x)$ は x を中心とする半径 R の開球:

$$B_R(x) = \{ y \in \mathbb{R}^d \mid |y - x| < R \}$$

である. $f \in L^1_{\text{loc}}(\mathbb{R}^d)$ であるとき, f に対応する超関数 $T_f \in \mathcal{D}'(\mathbb{R}^d)$ を

$$\langle T_f, \varphi \rangle = \int_{\mathbb{R}^d} f(x) \varphi(x) dx$$

によって定義する. 連続性を確かめよう. $\{\varphi_j\}$ が定義 5.1 の条件を満たすならば, ある $R > 0$ が存在して $\operatorname{supp} \varphi_j \subset B_R(0)$ となる. すると,

$$|\langle T_f, \varphi_j \rangle| \leq \left(\int_{B_R(0)} |f(x)| dx \right) \sup_x |\varphi_j(x)|$$

であるから，$j \to \infty$ のとき右辺は 0 に収束する．

このようにして，可積分関数 f は超関数と見なせるわけだが，局所可積分でない関数は，直接このように超関数として定義することはできない．しかし，以下に見るように，局所可積分でない関数を超関数と見なせる場合が多くある．しかし，定義の仕方は一通りとは限らないことに注意してほしい．

例 5.3 (コーシーの主値 $\mathrm{Pv}.\frac{1}{x}$)．ここでは，局所可積分ではない $\mathbb{R}$ 上の関数 $1/x$ に対応する超関数の (一つの) 定義のしかたを説明しよう．$f \in \mathcal{D}(\mathbb{R})$ に対して，

$$\left\langle \mathrm{Pv}.\frac{1}{x}, \varphi \right\rangle = \lim_{\varepsilon \to +0} \int_{|x| > \varepsilon} \frac{\varphi(x)}{x} dx$$

と定義する．これを $(1/x$ の) **コーシーの主値**(Cauchy's principal value) と呼ぶ．この極限がちゃんと存在し，$\mathrm{Pv}.\frac{1}{x} \in \mathcal{D}'(\mathbb{R})$ であることを確かめよう．
$\varphi \in \mathcal{D}(\mathbb{R})$, $\mathrm{supp}\,\varphi \subset (-R, R)$ としよう．このとき，

$$\int_{|x|>\varepsilon} \frac{\varphi(x)}{x} dx = \int_\varepsilon^R \frac{\varphi(x) - \varphi(-x)}{x} dx$$

と書くことができる．右辺に

$$\varphi(x) - \varphi(-x) = \int_{-1}^1 \frac{d}{dt}(\varphi(tx)) dt = x \int_{-1}^1 \varphi'(tx) dt$$

を代入すると，

$$\int_{|x|>\varepsilon} \frac{\varphi(x)}{x} dx = \int_\varepsilon^R \int_{-1}^1 \varphi'(tx) dt dx$$
$$\longrightarrow \int_0^R \int_{-1}^1 \varphi'(tx) dt dx \qquad (\varepsilon \to 0).$$

さらに，

$$\left| \left\langle \mathrm{Pv}.\frac{1}{x}, \varphi \right\rangle \right| \leq \int_0^R \int_{-1}^1 |\varphi'(tx)| dt dx \leq 2R \sup_y |\varphi'(y)|$$

が成り立つから，前の例と同様にして連続性がしたがう．

5.3 超関数の演算

　超関数は，定義からして「関数」ではない．しかし，実際上の計算では関数のように取り扱える場合が多い．ここでは，線形演算や (なめらかな関数との) かけ算，微分，変数変換，たたみこみが，関数の場合を拡張した形で定義できることを見てみよう．

5.3.1 線形演算

　f, g が $\mathbb{R}^d$ 上の関数，$a, b \in \mathbb{C}$ のとき，$af + bg$ という関数は，自然に

$$(af + bg)(x) = af(x) + bg(x) \qquad (x \in \mathbb{R}^d)$$

で定義される．超関数の場合は，$T, S \in \mathcal{D}'(\mathbb{R}^d)$，$a, b \in \mathbb{C}$ のとき，$aT + bS \in \mathcal{D}'(\mathbb{R}^d)$ を

$$\langle aT + bS, \varphi \rangle = a\langle T, \varphi \rangle + b\langle S, \varphi \rangle \qquad (\varphi \in \mathcal{D}(\mathbb{R}^d))$$

で定義する．$f, g \in L^1_{\text{loc}}(\mathbb{R}^d)$ の場合には (T_f を例 5.2 で定義した超関数として)

$$\langle aT_f + bT_g, \varphi \rangle = \langle T_{(af+bg)}, \varphi \rangle$$

が成り立つことは簡単に分かる．つまり，この定義は関数の線形演算の自然な拡張になっている．

5.3.2 なめらかな関数との積

　$C^\infty(\mathbb{R}^d)$ を $\mathbb{R}^d$ 上の無限回微分可能な関数の集合とする．$f \in C^\infty(\mathbb{R}^d)$ と $T \in \mathcal{D}'(\mathbb{R}^d)$ の積は

$$\langle fT, \varphi \rangle = \langle T, f\varphi \rangle \qquad (\varphi \in \mathcal{D}(\mathbb{R}^d))$$

で定義される．$f\varphi \in \mathcal{D}(\mathbb{R}^d)$ だから，右辺はちゃんと定義される．こうして定義された fT が超関数であることをいうためには，線形写像を定めることは明

らかだから，連続性を確かめればよい．$\varphi_j \in \mathcal{D}(\mathbb{R}^d)$ を，定義 5.1 の仮定を満たす関数列とする．このとき，任意の多重指数 α について，

$$\sup_x |\partial_x^\alpha (f\varphi_j)| \leq \sup_x \sum_{\beta \leq \alpha} \binom{\alpha}{\beta} |\partial_x^{\alpha-\beta} f(x)| \cdot |\partial_x^\beta \varphi_j(x)|$$

$$\leq \sum_{\beta \leq \alpha} \binom{\alpha}{\beta} \left(\sup_x |\partial_x^{\alpha-\beta} f(x)| \right) \sup_x |\partial_x^\beta \varphi_j(x)|$$

が成り立つ．ここで，$\alpha \leq \beta$ とは，各 m について $\alpha_m \leq \beta_m$ が成り立つことであり

$$\binom{\alpha}{\beta} = \frac{\alpha!}{(\alpha-\beta)!\beta!}, \qquad \alpha! = \alpha_1! \alpha_2! \cdots \alpha_d!$$

という記法を用いた．$j \to \infty$ のとき，右辺各項は 0 に収束する．したがって，$\{f\varphi_j\}$ は $\{\varphi_j\}$ と同じ仮定を満たすから，超関数 T の連続性から

$$\langle fT, \varphi_j \rangle = \langle T, f\varphi_j \rangle \to 0 \qquad (j \to \infty)$$

が成り立ち，fT の連続性が確かめられた．この積は，もちろん普通の関数どうしの積の拡張になっている．つまり，$f \in C^\infty(\mathbb{R}^d)$, $g \in L^1_{\mathrm{loc}}(\mathbb{R}^d)$ のとき $fT_g = T_{fg}$ であることは簡単に確かめられる．

5.3.3 微分

f が連続微分可能な関数とするとき，$T_{(\partial_j f)}$ を計算してみよう[*1)]．定義と部分積分から

$$\langle T_{(\partial_j f)}, \varphi \rangle = \int \frac{\partial f}{\partial x_j}(x) \varphi(x) dx$$

$$= -\int f(x) \frac{\partial \varphi}{\partial x_j}(x) dx = -\langle T, \partial_j \varphi \rangle$$

と書ける．そこで，これを拡張して，任意の超関数 $T \in \mathcal{D}'(\mathbb{R}^d)$ に対して

$$\langle \partial_j T, \varphi \rangle = -\langle T, \partial_j \varphi \rangle \qquad (\varphi \in \mathcal{D}(\mathbb{R}^d))$$

[*1)] ここで，

$$\partial_j f(x) = \frac{\partial f}{\partial x_j}(x)$$

という記法を用いた．

で (偏) 微分 $\partial_j T$ を定義することにする．これが超関数を定めることは，積の場合と同じようにして確かめることができる．この証明は読者の演習としよう．高階の微分は，これを繰り返して

$$\langle \partial_x^\alpha T, \varphi \rangle = (-1)^{|\alpha|} \langle T, \partial_x^\alpha \varphi \rangle \qquad (\alpha \in \mathbb{Z}_+^d)$$

で定義される．

この定義によれば，すべての超関数は何回でも微分可能である．これは，関数の微分の拡張と考えると，いささか奇妙な感じがする．つまり，関数として微分できない関数，例えば不連続な関数 f を取ってきて，対応する超関数 T_f を考える．すると，超関数としては T_f は微分できて $\partial_j T_f$ が存在する．しかし，これは矛盾ではない．なぜなら，$\partial_j T_f$ は関数に対応する超関数とは限らないからである．このことを，実例で見てみよう．

例 5.4. ヘビサイド関数 $Y(x)$ $(x \in \mathbb{R})$ を

$$Y(x) = \begin{cases} 1 & (x \geq 0), \\ 0 & (x < 0) \end{cases}$$

で定義しよう．これは 0 で不連続な関数だから，もちろん 0 では微分できない．Y を超関数と見なして，$Y = T_Y$ と書こう．Y の微分 $\partial Y = Y'$ は，定義により

$$\langle Y', \varphi \rangle = -\langle Y, \varphi' \rangle = -\int_0^\infty \varphi'(x) dx = \varphi(0)$$

であることが分かる．つまり，デルタ関数の定義を思い出せば，$Y' = \delta$ である．このように，デルタ関数は，不連続な関数の超関数としての微分と考えることができる．

例 5.5. デルタ関数をさらに微分してみよう．1 次元の場合は

$$\langle \delta', \varphi \rangle = -\langle \delta, \varphi' \rangle = -\varphi'(0)$$

である．もっと一般に，d 次元空間でデルタ関数の高階の微分を考えると

$$\langle \partial_x^\alpha \delta, \varphi \rangle = (-1)^{|\alpha|} \langle \delta, \partial_x^\alpha \varphi \rangle = (-1)^{|\alpha|} (\partial_x^\alpha \varphi)(0) \quad (\alpha \in \mathbb{Z}_+^d)$$

が得られる．つまり，$\partial_x^\alpha \delta$ は (符号を除けば)，$\varphi \in \mathcal{D}(\mathbb{R}^d)$ に対して，φ の α 階の微分の 0 における値を対応させる超関数である．

例 5.6. $f(x) = \log|x| \ (x \in \mathbb{R})$ とおくと，$f(x)$ は局所可積分な関数であるから，超関数を対応させることができる．T_f の超関数としての微分を計算してみよう．部分積分を用いると，$(\log|x|)' = 1/x \ (x \neq 0)$ であるから

$$\begin{aligned}
\langle (T_f)', \varphi \rangle &= -\langle T_f, \varphi' \rangle = -\int_{-\infty}^{\infty} \log|x| \varphi'(x) dx \\
&= -\lim_{\varepsilon \to +0} \int_{|x| \geq \varepsilon} \log|x| \varphi'(x) dx \\
&= \lim_{\varepsilon \to +0} \left(\log \varepsilon \, (\varphi(\varepsilon) - \varphi(-\varepsilon)) + \int_{|x| \geq \varepsilon} \frac{\varphi(x)}{x} dx \right)
\end{aligned}$$

と書けることが分かる．一方，$\varphi(x)$ は微分可能なので $\varphi(\varepsilon) - \varphi(-\varepsilon) = O(\varepsilon)$ であり

$$|\log \varepsilon \, (\varphi(\varepsilon) - \varphi(-\varepsilon))| \leq C\varepsilon \log \varepsilon \to 0 \quad (\varepsilon \to 0)$$

が成り立つ．したがって

$$\langle (T_f)', \varphi \rangle = \lim_{\varepsilon \to +0} \int_{|x| \geq \varepsilon} \frac{\varphi(x)}{x} dx = \left\langle \mathrm{Pv}.\frac{1}{x}, \varphi \right\rangle$$

が導かれる．つまり，$\mathrm{Pv}.\frac{1}{x}$ は $\log|x|$ の超関数としての微分であると考えてよい．こう考えると，$\mathrm{Pv}.\frac{1}{x}$ は，$1/x$ を超関数として実現するための自然な定義であることが分かる．しかし，実は他の，同じように自然に思える $1/x$ の超関数としての定義も存在する．これについては 5.4 節で見よう．

5.3.4 変数変換

F を $\mathbb{R}^d$ から $\mathbb{R}^d$ への C^∞-級の写像で，逆写像 F^{-1} が存在して，F^{-1} も C^∞-級であると仮定する．このとき，$\mathbb{R}^d$ 上の関数 $f(x)$ の F による変数変換は

$$(f \circ F)(y) = f(F(y)) \quad (y \in \mathbb{R}^d)$$

で定義される．これを超関数に拡張しよう．$f \in L^1_{\mathrm{loc}}(\mathbb{R}^d)$ として，$T = T_f \in \mathcal{D}'(\mathbb{R}^d)$ の場合をここでもまず考える．このときは，積分の変数変換の公式から

$$\langle T_{(f \circ F)}, \varphi \rangle = \int f(F(y))\varphi(y)dy = \int f(x)\varphi(F^{-1}(x))\left|\frac{\partial F}{\partial y}(F^{-1}(x))\right|^{-1}dx$$

が得られる．ここで $|\partial F/\partial y|$ はヤコビ行列式である．そこで，$\varphi \in \mathcal{D}(\mathbb{R}^d)$ に対して

$$\varphi_F(x) := \left|\frac{\partial F}{\partial y}(F^{-1}(x))\right|^{-1}\varphi(F^{-1}(x)) \in \mathcal{D}(\mathbb{R}^d)$$

とおいて，$T \in \mathcal{D}'(\mathbb{R}^d)$ の変数変換 $T \circ F \in \mathcal{D}'(\mathbb{R}^d)$ を

$$\langle T \circ F, \varphi \rangle = \langle T, \varphi_F \rangle \qquad (\varphi \in \mathcal{D}(\mathbb{R}^d))$$

によって定義すればよいことが分かる．このようにして定義された $T \circ F$ が超関数の条件を満たすことは，前項などと同じように証明できる．いくつかの実例を見てみよう．

例 5.7. A を可逆な $d \times d$ 行列として，A によって定まる一次変換 $F: x \mapsto Ax$ による変数変換を考えよう．このとき

$$\langle T \circ A, \varphi \rangle = \langle T, \varphi_A \rangle, \qquad \varphi_A(x) = |\det A|^{-1}\varphi(A^{-1}x),$$

となる．特に，$A = -1$，つまり $Ax = -x$ のときは，変数の反転に対応しており，$\tilde{T} = T \circ (-1)$ とおけば[*1)]

$$\langle \tilde{T}, \varphi \rangle = \langle T, \tilde{\varphi} \rangle, \qquad \tilde{\varphi}(x) = \varphi(-x)$$

が得られる．また，A が回転行列の場合は $A^{-1} = A^t$（転置行列），$\det A = 1$ だから，

$$\langle T \circ A, \varphi \rangle = \langle T, \varphi_A \rangle, \qquad \varphi_A(x) = \varphi(A^t x)$$

となることが分かる．

[*1)] 少し形式的な書き方だが，$\tilde{T}(x) = T(-x)$ と書くことが多い．

例 5.8. ここでは,デルタ関数 $T = \delta$ の場合を考えよう.F を上の条件を満たす写像とすると,

$$\langle \delta \circ F, \varphi \rangle = \langle \delta, \varphi_F \rangle = \left| \frac{\partial F}{\partial x}(F^{-1}(0)) \right|^{-1} \varphi(F^{-1}(0))$$

$$= \left| \frac{\partial F}{\partial x}(F^{-1}(0)) \right|^{-1} \langle \delta(x - F^{-1}(0)), \varphi \rangle$$

が分かる.ここで,$\delta(x-a)$ は,点 $a \in \mathbb{R}^d$ にあるデルタ関数:

$$\langle \delta(x-a), \varphi \rangle := \varphi(a)$$

である.つまり

$$\delta \circ F(x) = \delta(F(x)) = \left| \frac{\partial F}{\partial x}(F^{-1}(0)) \right|^{-1} \delta(x - F^{-1}(0))$$

と書くことができる[*1)].特に F が行列 A によって定まる一次変換の場合は

$$\delta(A(x)) = |\det A|^{-1} \delta(x)$$

である.

次に $d=1$ で $F(x) = x^2 - E$ ($E > 0$) の場合を考えてみよう.この F は,$\mathbb{R} \to \mathbb{R}$ で 1 対 1 の写像にはならないが,$(0, \infty) \to (-E, \infty)$,あるいは $(-\infty, 0) \to (-E, \infty)$ においては逆写像を持つなめらかな写像になる.$F^{-1}(0) = \pm\sqrt{E}$ であり,そこでのヤコビ行列式の値は $1/(2\sqrt{E})$ なので,

$$\delta(x^2 - E) = \frac{1}{2\sqrt{E}} (\delta(x - \sqrt{E}) + \delta(x + \sqrt{E}))$$

と計算できる.この結果は,上の枠組みには入らないが,正当化するのは難しくない.

例 5.9. F が平行移動 $F : x \mapsto x + a$, $(a \in \mathbb{R}^d)$ の場合を考えよう.この場合は,

$$\langle T \circ F, \varphi \rangle = \langle T, \varphi \circ F^{-1} \rangle = \langle T, \varphi_a \rangle, \qquad \varphi_a(x) = \varphi(x - a)$$

となる.以下では,簡単に $(T \circ F)(x) = T(x+a)$ と書くことが多い.

[*1)] この公式は,$\delta(x)$ が関数だと考えると,少し奇妙な感じがするが,上で見たように超関数と考えて計算すればきちんと証明できるのである.

5.3.5 たたみこみ

ここでは，$T \in \mathcal{D}'(\mathbb{R}^d)$ と $\varphi \in \mathcal{D}(\mathbb{R}^d)$ のたたみこみ $T * \varphi$ を定義する．$f \in L^1_{\text{loc}}(\mathbb{R}^d)$ から定まる超関数 T_f の場合は，普通に

$$f * \varphi(x) = \int f(y)\varphi(x-y)dy$$

でたたみこみが定義されるが，右辺は

$$(\text{右辺}) = \langle T_f, \tilde{\varphi}_x \rangle, \qquad \tilde{\varphi}_x(y) = \varphi(x-y)$$

と表すことができる．これを一般化して，$T \in \mathcal{D}'(\mathbb{R}^d)$ と $\varphi \in D(\mathbb{R}^d)$ に対して

$$(T * \varphi)(x) = \langle T, \tilde{\varphi}_x \rangle \qquad (x \in \mathbb{R}^d)$$

によってたたみこみを定義する．

$$\partial_x^\alpha (T * \varphi)(x) = \langle T, \partial_x^\alpha \tilde{\varphi}_x \rangle$$

なので，$T * \varphi \in C^\infty(\mathbb{R}^d)$ であることも簡単に分かる．

例 5.10. T がデルタ関数の場合は，簡単だが興味深い例である．定義より

$$(\delta * \varphi)(x) = \langle \delta, \tilde{\varphi}_x \rangle = \langle \delta(y), \varphi(x-y) \rangle = \varphi(x)$$

である．つまり，$\varphi \mapsto \delta * \varphi$ は恒等写像である．たたみこみの演算としての単位元 ($e * f = f$ となるような元 e) は，普通の関数の範囲では見つからないが，超関数まで拡張して考えればデルタ関数が単位元の性質を満たすのである．

たたみこみを定義する別の方法として，次の公式を用いる方法がある．$f \in D'(\mathbb{R}^d)$ に対して $\tilde{\varphi}(x) = \varphi(-x)$ とおこう．すると，$f \in L^1_{\text{loc}}(\mathbb{R}^d), \psi \in \mathcal{D}(\mathbb{R}^d)$ に対して

$$\int (f * \varphi)(x)\psi(x)dx = \int\int f(y)\varphi(x-y)\psi(x)dxdy$$
$$= \int f(y)(\tilde{\varphi} * \psi)(y)dy$$

が成り立つ．つまり
$$\langle T_{f*\varphi}, \psi \rangle = \langle T_f, \tilde{\varphi} * \psi \rangle$$
である．これを一般化して，$T \in \mathcal{D}'(\mathbb{R}^d)$ に対しても
$$\langle T * \varphi, \psi \rangle = \langle T, \tilde{\varphi} * \psi \rangle \qquad (\psi \in \mathcal{D}(\mathbb{R}^d))$$
と定義する．もちろん，この二つの定義は一致する (例えば文献 [9] を見よ)．二つめの定義は，φ が「有界な台を持つ」超関数の場合にまで拡張することができる．

5.4 超関数の収束

この節では，超関数の列の収束について考えよう．

定義 5.2. $T, T_n \in \mathcal{D}'(\mathbb{R}^d)$ $(n = 1, 2, \ldots)$ とするとき，T_n が T に収束するとは，すべての $\varphi \in \mathcal{D}(\mathbb{R}^d)$ について
$$\langle T_n, \varphi \rangle \to \langle T, \varphi \rangle \qquad (n \to \infty)$$
が成り立つこと．このとき，$T_n \to T$ (in $\mathcal{D}'$) と書く．

超関数の収束については，次のような便利な定理がある．

定理 5.1. $T_n \in \mathcal{D}'(\mathbb{R}^d)$ $(n = 1, 2, \ldots)$ とする．すべての $\varphi \in \mathcal{D}(\mathbb{R}^d)$ に対して極限 $\lim \langle T_n, \varphi \rangle$ が存在すると仮定する．このとき
$$\langle T, \varphi \rangle = \lim_{n \to \infty} \langle T_n, \varphi \rangle \qquad (\varphi \in \mathcal{D}(\mathbb{R}^d))$$
により T を定義すると，$T \in \mathcal{D}'(\mathbb{R}^d)$ であり，$T_n \to T$ (in $\mathcal{D}'$) が成り立つ．

この定理で証明すべきことは，T の連続性である．これは，バナッハ・シュタインハウスの定理と呼ばれる一連の定理の一つであり，関数空間の位相の考

察が必要になる．証明はやや大変なので省略する (例えば, [12] 定理 2.1 を見よ)．応用上は, この定理により超関数の極限として定義される超関数については, 連続性を確かめる必要がないことが分かり大変便利である.

さて, 超関数の収束の言葉を用いると, 定理 3.4 は次のように言い換えられる.

定理 5.2. $g_\varepsilon(t)$ $(\varepsilon > 0, t \in \mathbb{R})$ を, ε をパラメーターとする $\mathbb{R}$ 上の区分的に連続な関数で, 次の条件を満たすものとする.

1) ある定数 $M > 0$ が存在して, 任意の $\varepsilon > 0$ について
$$\int_{-\infty}^{\infty} g_\varepsilon(t)dt = 1, \qquad \int_{-\infty}^{\infty} |g_\varepsilon(t)|dt \leq M.$$

2) 任意の $\gamma > 0$ に対して,
$$\lim_{\varepsilon \to 0} \int_{|t| \geq \gamma} |g_\varepsilon(t)|dt = 0.$$

すると, 超関数として $\varepsilon \to 0$ のとき $g_\varepsilon(x)$ はデルタ関数 $\delta(x)$ に収束する. 特に,
$$\frac{1}{\varepsilon\sqrt{2\pi}} e^{-t^2/2\varepsilon^2} \quad \longrightarrow \quad \delta(t) \qquad (\varepsilon \to 0).$$

同様の結果は, 多変数の場合ももちろん成り立つ (定理 4.3 参照). つまり次の定理が成り立つ.

定理 5.3. $g_\varepsilon(x)$ $(\varepsilon > 0, x \in \mathbb{R}^d)$ を, ε をパラメーターとする $\mathbb{R}^d$ 上の積分可能な関数で, 次の条件を満たすものとする.

1) ある定数 $M > 0$ が存在して, 任意の $\varepsilon > 0$ について
$$\int_{\mathbb{R}^d} g_\varepsilon(x)dx = 1, \qquad \int_{\mathbb{R}^d} |g_\varepsilon(x)|dx \leq M.$$

2) 任意の $\gamma > 0$ に対して,
$$\lim_{\varepsilon \to 0} \int_{|x| \geq \gamma} |g_\varepsilon(x)|dx = 0.$$

すると, 超関数として $\varepsilon \to 0$ のとき $g_\varepsilon(x)$ はデルタ関数 $\delta(x)$ に収束する. 特に
$$\varepsilon^{-d}(2\pi)^{-d/2} e^{-|x|^2/2\varepsilon^2} \quad \longrightarrow \quad \delta(x) \qquad (\varepsilon \to 0).$$

一般に, $f(x)$ が $\mathbb{R}^d$ 上の可積分関数で

$$\int_{\mathbb{R}^d} f(x)dx = 1$$

を満たすとき

$$f_\varepsilon(x) = \varepsilon^{-d} f(x/\varepsilon)$$

とおけば, 超関数の意味で

$$f_\varepsilon(x) \to \delta(x) \qquad (\varepsilon \to 0)$$

であることが上の定理から分かる.

さて, 上でデルタ関数はなめらかな普通の関数の極限であることを見たが, もっと一般の超関数についても同様のことがいえるだろうか？　答えは肯定的であり, 次のような定理が証明できる.

定理 5.4. $T \in \mathcal{D}'(\mathbb{R}^d)$ とする. このとき関数列 $f_n \in C^\infty(\mathbb{R}^d)$ $(n = 1, 2, \ldots)$ で, 超関数の意味で T に収束するものが存在する. つまり, $T_{f_n} \to T$ $(n \to \infty)$ が成り立つ.

証明については, アイデアだけを述べよう. $\rho \in D'(\mathbb{R}^d)$ を非負で $\int \rho(x)dx = 1$ を満たすものとしよう. $\varepsilon > 0$ に対して

$$\rho_\varepsilon(x) = \varepsilon^{-d} \rho(x/\varepsilon) \qquad (x \in \mathbb{R}^d)$$

とおく. T と ρ_ε のたたみこみを

$$f_\varepsilon(x) = (T * \rho_\varepsilon)(x) = \langle T(y), \rho_\varepsilon(y-x) \rangle \in C^\infty(\mathbb{R}^d)$$

と書くことにする. すると, $\varphi \in D(\mathbb{R}^d)$ に対して

$$\langle T_{f_\varepsilon}, \varphi \rangle = \langle T * \rho_\varepsilon, \varphi \rangle = \langle T, \tilde{\rho}_\varepsilon * \varphi \rangle$$

であることが, たたみこみの性質から分かる (5.3.5 項参照). 一方, 定理 5.3 から $\rho_\varepsilon \to \delta$ $(\varepsilon \to 0)$ であるから, 少なくとも形式的には

$$\tilde{\rho}_\varepsilon * \varphi \to \delta * \varphi = \varphi \qquad (\varepsilon \to 0)$$

が導かれる.これは厳密に証明できるが,ここでは詳細に立ち入らない.したがって

$$\lim_{\varepsilon \to 0} \langle T_{f_\varepsilon}, \varphi \rangle = \langle T, \varphi \rangle$$

となり,$T_{f_\varepsilon} \to T$ $(\varepsilon \to 0)$ がしたがう.$\varepsilon = 1/n$ とすれば定理の主張に一致する. □

例 5.11. $1/(x+i\varepsilon)$ $(x \in \mathbb{R})$ の $\varepsilon \to 0$ の極限を考えてみよう.上半平面で定義された対数関数:

$$\log(re^{i\theta}) = \log r + i\theta \qquad (r > 0,\ 0 < \theta < \pi)$$

を用いると,複素関数として

$$(\log z)' = z^{-1} \qquad (\operatorname{Im} z > 0)$$

であるから

$$\frac{d}{dx}\log(x+i\varepsilon) = \frac{1}{x+i\varepsilon}$$

が分かる.したがって,部分積分を用いると $\varphi \in \mathcal{D}(\mathbb{R})$ に対し

$$\int_{-\infty}^\infty \frac{\varphi(x)}{x+i\varepsilon} = -\int_{-\infty}^\infty \log(x+i\varepsilon)\,\varphi'(x)dx$$

がしたがう.上の対数の定義より

$$\lim_{\varepsilon \to 0}\log(x+i\varepsilon) = \begin{cases} \log|x| & (x>0), \\ \log|x| + \pi i & (x<0) \end{cases}$$

であるから,上の積分の $\varepsilon \to 0$ の極限は,

$$\lim_{\varepsilon \to 0}\int_{-\infty}^\infty \frac{\varphi(x)}{x+i\varepsilon}dx = -\int_{-\infty}^\infty \log|x|\,\varphi'(x)dx - \pi i \int_{-\infty}^0 \varphi'(x)dx$$
$$= -\int_{-\infty}^\infty \log|x|\,\varphi'(x)dx - \pi i \varphi(0)$$

であることが分かった．複素共役を取ることにより，同様に
$$\lim_{\varepsilon \to 0} \int_{-\infty}^{\infty} \frac{\varphi(x)}{x - i\varepsilon} dx = -\int_{-\infty}^{\infty} \log|x| \varphi'(x) dx + \pi i \varphi(0)$$
も得られる．これらの極限で定義される超関数を
$$\frac{1}{x \pm i0} = \lim_{\varepsilon \to 0} \frac{1}{x \pm i\varepsilon}$$
と書こう．すると，上の公式によれば，超関数の等式として
$$\frac{1}{x \pm i0} = (\log|x|)' \mp \pi i \delta(x)$$
が成り立つ．例 5.6 によれば，$(\log|x|)' = \mathrm{Pv}.\frac{1}{x}$ であるから公式：
$$\frac{1}{x \pm i0} = \mathrm{Pv}.\frac{1}{x} \mp \pi i \delta(x)$$
が示された．この $1/(x+i0)$ も $1/x$ の超関数としての自然な実現と考えられるが，コーシーの主値とは，デルタ関数の分だけずれるのである．また，この公式から
$$\delta(x) = \frac{1}{2\pi i} \left\{ \frac{1}{x - i0} - \frac{1}{x + i0} \right\}$$
が導かれる．この公式は，理論物理などでよく用いられるデルタ関数の表現式である．この公式はまた，
$$\delta(x) = \lim_{\varepsilon \to 0} \frac{1}{2\pi i} \left\{ \frac{1}{x - i\varepsilon} - \frac{1}{x + i\varepsilon} \right\} = \lim_{\varepsilon \to 0} \frac{1}{\pi} \frac{\varepsilon}{x^2 + \varepsilon^2}$$
と書くこともできる．これは定理 5.2 の特別な場合である．

例 5.12. 超関数の微分も，極限として考えることができる．簡単のため，1 変数の場合を考えよう．ここでも，やや形式的だが $T \in \mathcal{D}'(\mathbb{R}^d)$ の平行移動を $T(x+h)$ ($h \in \mathbb{R}$) と書くことにしよう．すると
$$\left\langle \frac{1}{h}(T(x+h) - T(x)), \varphi \right\rangle = \frac{1}{h} \Big(\langle T(x), \varphi(x-h) \rangle - \langle T, \varphi \rangle \Big)$$
$$= \left\langle T(x), \frac{1}{h}(\varphi(x-h) - \varphi(x)) \right\rangle$$

となる. $\hbar \to 0$ の極限を取れば

$$\lim_{h \to 0} \left\langle \frac{1}{h}(T(x+h) - T(x)), \varphi \right\rangle = \langle T, (-\varphi') \rangle = \langle T', \varphi \rangle$$

が得られる. つまり

$$T'(x) = \lim_{\hbar \to 0} \frac{1}{h}(T(x+h) - T(x))$$

であることが分かった. これは, 普通の微分の定義と全く同じ形をしている.

例 5.13. $T_n \to T \ (n \to \infty)$ とすると, T_n の微分 $\partial_x^\alpha T_n$ も T の微分 $\partial_x^\alpha T$ に収束する. 実際, $n \to \infty$ のとき

$$\langle \partial_x^\alpha T_n, \varphi \rangle = (-1)^{|\alpha|+} \langle T_n \partial_x^\alpha \varphi \rangle \longrightarrow (-1)^{|\alpha|+} \langle T \partial_x^\alpha \varphi \rangle = \langle \partial_x^\alpha T, \varphi \rangle$$

となる. これを用いると, 例えば

$$-\frac{2}{\pi} \frac{x\varepsilon}{(x^2 + \varepsilon^2)^2} \longrightarrow \delta'(x) \qquad (\varepsilon \to 0)$$

が分かる.

6

超関数のフーリエ変換

この章においては，フーリエ変換を超関数の空間にまで拡張する．ただし，超関数の範囲は，前の章で述べた $\mathcal{D}'(\mathbb{R}^d)$ より少し狭い，「緩増加超関数」と呼ばれるものに限られるが，実用上は十分に多くの関数を含んでいる．緩増加超関数は，「急減少関数」の集合の上の汎関数として定義される．そこで，最初に急減少関数を定義し，そのフーリエ変換の性質を調べる．次に緩増加超関数を定義し，その性質と，フーリエ変換について調べることにしよう．この章の後半では，周期的な超関数とフーリエ級数展開の関係，定数係数の偏微分方程式への応用について述べる．

6.1　急減少関数とそのフーリエ変換

この節では，4.1 節で導入した記法を用いる．また，$x \in \mathbb{R}^d$ に対して，
$$\langle x \rangle = \sqrt{1+|x|^2}$$
という記号を用いる．$\langle x \rangle$ は $|x|$ が大きいところでは $\langle x \rangle \sim |x|$ であり，C^∞-級で $\langle x \rangle \geq 1$ なので，大きさを示すのに便利な記号である．

定義 6.1 (急減少関数). $f \in C^\infty(\mathbb{R}^d)$ が急減少関数であるとは，任意の多重指数 $\alpha, \beta \in \mathbb{Z}_+^d$ に対して
$$\sup_x \left| x^\alpha \partial_x^\beta f(x) \right| < \infty$$
が成り立つことである．このとき，$f \in \mathcal{S}(\mathbb{R}^d)$ と書く[*1)]．

[*1)] 急減少関数の集合は，シュワルツ空間と呼ばれることもある．記号 $\mathcal{S}(\mathbb{R}^d)$ はシュワルツ (L.

ライプニッツの公式を用いれば, $f \in \mathcal{S}(\mathbb{R}^d)$ であるための必要十分条件は, 任意の $\alpha, \beta \in \mathbb{Z}_+^d$ に対して

$$\sup_x \left| \partial_x^\alpha (x^\beta f(x)) \right| < \infty$$

であることも簡単に分かる. また, $f \in \mathcal{S}(\mathbb{R}^d)$ なら

$$\left| x^\alpha \partial_x^\beta f(x) \right| \to 0 \qquad (|x| \to \infty)$$

であることは, α を取り直せばすぐ分かる.

例 6.1. (1) $C_0^\infty(\mathbb{R}^d) \subset \mathcal{S}(\mathbb{R}^d)$ である. つまり, 有界な台を持つ C^∞-級関数は急減少関数である.
(2) $e^{-a|x|^2}$, $e^{-a\langle x \rangle}$ はどちらも急減少関数である. ただし, $a > 0$. さらに, $P(x)$ を多項式とすれば, $P(x)e^{-a|x|^2}$, $P(x)e^{-a\langle x \rangle}$ も急減少関数である. $P(x)e^{-a|x|^2}$ は, **エルミート関数**(Hermitian function) と呼ばれる.
(3) 前例を一般化して, $f \in \mathcal{S}(\mathbb{R}^d)$, $P(x)$ が多項式ならば, $P(x)f(x) \in \mathcal{S}(\mathbb{R}^d)$ である. 証明は読者の演習としよう.

$f \in \mathcal{S}(\mathbb{R}^d)$ は (遠方で急速に減少するので) もちろん積分可能である. したがって, フーリエ変換 $\hat{f}(\xi) = (\mathfrak{F}f)(\xi)$, フーリエ逆変換 $\check{\varphi}(x) = (\mathfrak{F}^*f)(x)$ が定義できる. 実は急減少関数のフーリエ変換は, 急減少関数になる. このことが, 超関数のフーリエ変換の定義において本質的である.

定理 6.1. $f \in \mathcal{S}(\mathbb{R}^d)$ ならば $\hat{f}, \check{f} \in \mathcal{S}(\mathbb{R}^d)$. さらに, 反転公式:

$$\mathfrak{F}^*(\hat{f})(x) = f(x), \qquad \mathfrak{F}(\check{f})(\xi) = f(\xi)$$

が成り立つ. したがって $\mathfrak{F}, \mathfrak{F}^*$ は 1 対 1 で可逆な $\mathcal{S}(\mathbb{R}^d)$ から $\mathcal{S}(\mathbb{R}^d)$ への写像である.

Schwartz) に由来する.

証明. 定理 3.9, 定理 3.10, 命題 4.7 と同様にして計算すれば, $f \in \mathcal{S}(\mathbb{R}^d)$ のとき
$$\mathfrak{F}[\partial_x^\alpha (x^\beta f)](\xi) = i^{|\alpha+\beta|_+} \xi^\alpha (\partial_\xi^\beta \hat{f})(\xi) \qquad (\xi \in \mathbb{R}^d)$$
が分かる. $\partial_x^\alpha (x^\beta f)$ は可積分だから, 右辺は有界な関数である. したがって $\hat{f} \in \mathcal{S}(\mathbb{R}^d)$ が分かった. $\check{f} \in \mathcal{S}(\mathbb{R}^d)$ も同様にして示される. すると, $\hat{f}, \check{f}$ は可積分だから, 定理 4.4 から反転公式が成り立つ. □

この証明中で用いた公式を, 定理として述べておこう.

定理 6.2. $f \in \mathcal{S}(\mathbb{R}^d)$ ならば
$$\mathfrak{F}[\partial_x^\alpha (x^\beta f)](\xi) = i^{|\alpha+\beta|_+} \xi^\alpha (\partial_\xi^\beta \hat{f})(\xi) \qquad (\xi \in \mathbb{R}^d),$$
$$\mathfrak{F}^*[\partial_\xi^\alpha (\xi^\beta f)](x) = (-i)^{|\alpha+\beta|_+} x^\alpha (\partial_x^\beta \check{f})(x) \qquad (x \in \mathbb{R}^d).$$

上の公式は, 次のように書くこともできる.
$$\mathfrak{F}[x^\alpha \partial_x^\beta f](\xi) = (i\partial_\xi)^\alpha ((i\xi)^\beta \hat{f}(\xi)),$$
$$\mathfrak{F}^*[\xi^\alpha \partial_\xi^\beta f](x) = (-i\partial_x)^\alpha ((-ix)^\beta \check{f}(x)).$$

例 6.2. この定理を用いてエルミート関数のフーリエ変換を計算してみよう.
$$P(x) = \sum_\alpha c_\alpha x^\alpha$$
と書いて計算すると
$$\mathfrak{F}[P(x) e^{-a|x|^2}](\xi) = \sum_\alpha c_\alpha i^{|\alpha|_+} \partial_\xi^\alpha \mathfrak{F}[e^{-a|x|^2}]$$
$$= (2a)^{-d/2} \sum_\alpha c_\alpha i^{|\alpha|_+} \partial_\xi^\alpha (e^{-|\xi|^2/4a})$$
となる. 指数関数 $e^{-|\xi|^2/4a}$ の微分を計算すると ξ の多項式と $e^{-|\xi|^2/4a}$ の積となるので, 結局エルミート関数のフーリエ変換もエルミート関数になる.

定義 6.2 (急減少関数列の収束). $f_1, f_2, \ldots, f \in \mathcal{S}(\mathbb{R}^d)$ とするとき，f_n が f に収束する ($f_n \to f$ in $\mathcal{S}$) とは，すべての多重指数 $\alpha, \beta \in \mathbb{Z}_+^d$ について

$$\sup_x \left| x^\alpha \partial_x^\beta (f_n(x) - f(x)) \right| \to 0 \qquad (n \to \infty)$$

が成り立つことと定義する．

$f \in \mathcal{S}(\mathbb{R}^d)$ の「長さ」[*1)] を

$$|f|_{\alpha,\beta} = \sup_x \left| x^\alpha \partial_x^\beta f(x) \right| \qquad (f \in \mathcal{S}(\mathbb{R}^d))$$

と書くことにすれば，$\mathcal{S}(\mathbb{R}^d)$ での収束の定義は

$$f_n \to f \quad \Longleftrightarrow \quad |f_n - f|_{\alpha,\beta} \to 0 \quad (\forall \alpha, \beta)$$

と書ける．また

$$f \in \mathcal{S}(\mathbb{R}^d) \quad \Longleftrightarrow \quad |f|_{\alpha,\beta} < \infty \quad (\forall \alpha, \beta)$$

と書くこともできる．ここで定義した関数列の収束の意味で，フーリエ変換は連続である．この事実は，超関数のフーリエ変換を定義するのに用いられる．

定理 6.3. フーリエ変換，フーリエ逆変換は $\mathcal{S}(\mathbb{R}^d)$ から $\mathcal{S}(\mathbb{R}^d)$ への連続な写像である．つまり，$f_n \to f \ (n \to \infty)$ ならば $\hat{f}_n \to \hat{f}, \check{f}_n \to \check{f} \ (n \to \infty)$ が成り立つ．

証明. 定理 6.2 とライプニッツの公式を用いると $f \in \mathcal{S}(\mathbb{R}^d)$ に対して

[*1)] セミノルム (seminorm) と呼ぶ．

$$\sup_{\xi}|\xi^\alpha \partial_\xi^\beta \hat{f}(\xi)| \leq (2\pi)^{-d/2} \int |\partial_x^\alpha (x^\beta f(x))| dx$$

$$\leq (2\pi)^{-d/2} \sum_{0 \leq \gamma \leq \alpha} \binom{\alpha}{\gamma} \int |\partial_x^{\alpha-\gamma} x^\beta| \, |\partial_x^\gamma f(x)| dx$$

$$\leq C \sum_{|\gamma|_+ \leq |\alpha|_+} \int \langle x \rangle^{|\beta|_+} |\partial_\xi^\gamma f(x)| dx$$

$$\leq C \sum_{|\gamma|_+ \leq |\alpha|_+} \sup_x (\langle x \rangle^{|\beta|_+ + d} |\partial_\xi^\gamma f(x)|) \int \langle x \rangle^{-d} dx$$

$$\leq C' \sum_{\substack{|\gamma|_+ \leq |\alpha|_+ \\ |\mu|_+ \leq |\beta|_+ + d}} |f|_{\mu,\gamma}$$

が得られる．ここで，C, C' は適当な定数である．したがって，$f_n \to f$ ならば，任意の α, β について

$$|\hat{f}_n - \hat{f}|_{\alpha,\beta} \leq C' \sum_{\substack{|\gamma|_+ \leq |\alpha|_+ \\ |\mu|_+ \leq |\beta|_+ + d}} |f_n - f|_{\mu,\gamma} \to 0 \quad (n \to \infty)$$

が得られる．つまり，$\hat{f}_n \to \hat{f}$ が示された．フーリエ逆変換についても，同様にして連続性が証明される． □

6.2 緩増加超関数の集合 $\mathcal{S}'(\mathbb{R}^d)$

第5章においては，超関数 $T \in \mathcal{D}'(\mathbb{R}^d)$ を $\mathcal{D}(\mathbb{R}^d) = C_0^\infty(\mathbb{R}^d)$ 上の線形汎関数として定義した．$\mathcal{D}(\mathbb{R}^d)$ の代わりに $\mathcal{S}(\mathbb{R}^d)$ を用いて，$\mathcal{S}(\mathbb{R}^d)$ 上の線形汎関数として緩増加超関数は定義される．

定義 6.3. T が**緩増加超関数**(tempered distribution)であるとは，T が $\mathcal{S}(\mathbb{R}^d)$ から $\mathbb{C}^1$ への線形写像であって，次の意味で連続であること．つまり，$\varphi_1, \varphi_2, \ldots, \varphi \in \mathcal{S}(\mathbb{R}^d)$ で $\varphi_n \to \varphi \ (n \to \infty)$ ならば

$$T(\varphi_n) \to T(\varphi) \quad (n \to \infty)$$

が成り立つ．このとき，$T \in \mathcal{S}'(\mathbb{R}^d)$ と書く．

例 6.1 で注意したように

$$C_0^\infty(\mathbb{R}^d) = \mathcal{D}(\mathbb{R}^d) \subset \mathcal{S}(\mathbb{R}^d)$$

である．したがって，$T \in \mathcal{S}'(\mathbb{R}^d)$ ならば，$\mathcal{D}(\mathbb{R}^d)$ に T を制限して，$\mathcal{D}(\mathbb{R}^d)$ から $\mathbb{C}^1$ への線形写像と見なすこともできる．さらに，$\mathcal{D}(\mathbb{R}^d)$ の意味で $\varphi_n \to \varphi$ であるならば，φ_n の台が一定の有界な集合に含まれていることから，$\mathcal{S}(\mathbb{R}^d)$ の元としても収束していることが分かる．したがって，$T(\varphi_n) \to T(\varphi)$ が成り立つ．つまり，T は超関数と考えることができる．言い換えると

$$\mathcal{S}'(\mathbb{R}^d) \subset \mathcal{D}'(\mathbb{R}^d)$$

である．以下では，緩増加超関数は超関数であると考えて，$\mathcal{D}'(\mathbb{R}^d)$ の元の場合と同様に

$$T(\varphi) = \langle T, \varphi \rangle \qquad (\varphi \in \mathcal{S}(\mathbb{R}^d))$$

という記号を用いる[*1]．

例 6.3. (1) 局所可積分関数は，例 5.2 で見たように超関数と見なせるが，すべての場合に緩増加超関数になるわけではない．もし，f が局所可積分関数で，$C, a > 0$ で

$$\int_{\{y|\,|y-x|<1\}} |f(y)| dy < C\langle x \rangle^a$$

を満たすものがあれば，$T_f \in \mathcal{S}'(\mathbb{R}^d)$ である．特に，多項式の定める超関数は $\mathcal{S}'(\mathbb{R}^d)$ の元である．局所可積分な周期関数も緩増加超関数を定める．一方，e^x は，緩増加超関数ではない．
(2) デルタ関数 $\delta(x)$ やその微分 $\partial_x^\alpha \delta(x)$ はすべて緩増加超関数である．また，Pv.$\frac{1}{x}$ も緩増加超関数である．

この例の性質の証明は，演習問題としよう．実用上，多くの超関数が緩増加超関数になることに注意してほしい．

[*1] $T = T(x)$ という書き方も，同様にすることがある．

緩増加超関数の演算：緩増加超関数についても，超関数としての演算の多くは同様に定義して計算することができる．例えば，線形演算，微分は全く同じである．なめらかな関数との積については，関数を制限する必要がある．

定義 6.4. $f \in C^\infty(\mathbb{R}^d)$ が**緩増加**(tempered) であるとは，すべての多重指数 $\alpha \in \mathbb{Z}_+^d$ に対して $m \in \mathbb{R}$ が存在して

$$\sup_{x \in \mathbb{R}^d} \langle x \rangle^{-m} |\partial_x^\alpha f(x)|$$

が成り立つこと．

つまり，$f(x)$ が緩増加であるとは，微分を含めて，$|x| \to \infty$ のとき，たかだか多項式程度の増大しかしない，ということである．したがって，例えば多項式は緩増加な関数である．$f(x)$ が緩増加な関数であって $\varphi \in \mathcal{S}(\mathbb{R}^d)$ ならば，$f\varphi \in \mathcal{S}(\mathbb{R}^d)$ であることは，ライプニッツの公式を用いて簡単に示される[*1)]．したがって，f が緩増加な関数，$T \in \mathcal{S}'(\mathbb{R}^d)$ ならば

$$\langle fT, \varphi \rangle = \langle T, f\varphi \rangle \qquad (\varphi \in \mathcal{S}(\mathbb{R}^d))$$

により，f と T の積を定義することができる．fT が連続性の条件を満たすことは，やはりライプニッツの公式から証明できる．

たたみこみは，$T \in \mathcal{S}'(\mathbb{R}^d), \varphi \in \mathcal{D}(\mathbb{R}^d)$ に対しては，$T \in \mathcal{D}'(\mathbb{R}^d)$ と考えて，そのまま定義できる．しかし，定義の公式：

$$(T * \varphi)(x) = \langle T, \tilde\varphi_x \rangle, \qquad \tilde\varphi_x(y) = \varphi(x-y)$$

は $\varphi \in \mathcal{S}(\mathbb{R}^d)$ に対してもそのまま拡張できる．このとき，$(T * \varphi)(x)$ は緩増

[*1)] つまり，

$$|x^\alpha \partial_x^\beta (f\varphi)| \leq |\langle x \rangle|^{|\alpha|} \sum_{0 \leq \gamma \leq \beta} \binom{\beta}{\gamma} (\partial_x^{\beta-\gamma} f)(\partial_x^\gamma \varphi)|$$

$$\leq C \sum_{0 \leq \gamma \leq \beta} \langle x \rangle^{|\alpha|+m} |\partial_x^\gamma \varphi(x)| \leq C \sum_{0 \leq \gamma \leq \beta} |\varphi|_{|\alpha|+m,\gamma}$$

という評価を用いる．ここで $|\alpha| = |\alpha|_+$ と書いた．

加な C^∞-級関数であることが証明できる.この事実の証明はここでは省略する(たとえば,文献 [3] 4.3 節を参照).また,前と同様に

$$\langle T*\varphi,\psi\rangle = \langle T,\tilde{\varphi}*\psi\rangle, \qquad \tilde{\varphi}(x)=\varphi(-x)$$

という公式も成立し,こちらを定義と考えることもできる.

変数変換については,急減少関数の集合を急減少関数の集合に写すような写像による変数変換ならば,前と同様に定義することができる.特に,平行移動や線形変換によって引き起こされる変数変換は,前と同様に定義され計算できる.

最後に,緩増加超関数の列の収束を定義しよう.

定義 6.5. $T_1,T_2,\ldots,T \in \mathcal{S}'(\mathbb{R}^d)$ を緩増加超関数の列とする.このとき,T_n が T に収束するとは,任意の $\varphi \in \mathcal{S}(\mathbb{R}^d)$ に対して

$$\langle T_n,\varphi\rangle \to \langle T,\varphi\rangle \qquad (n\to\infty)$$

が成り立つことである.このとき,$T_n \to T$ (in $\mathcal{S}'$) と書く.

緩増加超関数についても,定理 5.1 と同様に次のような定理が成り立つ.

定理 6.4. $T_n \in \mathcal{S}'(\mathbb{R}^d)$ $(n=1,2,\ldots)$ とする.すべての $\varphi \in \mathcal{S}(\mathbb{R}^d)$ に対して極限 $\lim\langle T_n,\varphi\rangle$ が存在すると仮定する.このとき

$$\langle T,\varphi\rangle = \lim_{n\to\infty}\langle T_n,\varphi\rangle \qquad (\varphi\in\mathcal{S}(\mathbb{R}^d))$$

により T を定義すると,$T \in \mathcal{S}'(\mathbb{R}^d)$ であり,$T_n \to T$ (in $\mathcal{S}'$) が成り立つ.

実際,5.4 節で見た具体的な超関数の収束の例は,すべて緩増加超関数の列の収束の例にもなっている.特に,ガウス関数:$\varepsilon^{-d}(2\pi)^{-d/2}e^{-|x|^2/2\varepsilon^2}$ の $\varepsilon \to 0$ のときのデルタ関数への収束は,緩増加超関数としての収束と考えてもよい.

6.3 $\mathcal{S}'(\mathbb{R}^d)$ でのフーリエ変換

さて,6.1 節,6.2 節の準備のもとに,緩増加超関数のフーリエ変換を定義しよう.

定義 6.6. $T \in \mathcal{S}'(\mathbb{R}^d)$ とする.このとき,T のフーリエ変換:$\mathfrak{F}T = \hat{T}$ は

$$\langle \hat{T}, \varphi \rangle = \langle T, \hat{\varphi} \rangle \qquad (\varphi \in \mathcal{S}(\mathbb{R}^d))$$

で定義される.同様に,T のフーリエ逆変換 $\mathfrak{F}^*T = \check{T}$ は

$$\langle \check{T}, \varphi \rangle = \langle T, \check{\varphi} \rangle \qquad (\varphi \in \mathcal{S}(\mathbb{R}^d))$$

で定義される.

これが,可積分関数のフーリエ変換の拡張になっていることを確かめておこう.f が可積分関数ならば,f の定める超関数 T_f は緩増加超関数である.すると

$$\langle T_{\hat{f}}, \varphi \rangle = \int \hat{f}(x)\varphi(x)dx = (2\pi)^{-d/2} \int \left(\int f(y) e^{-ixy} dy \right) \varphi(x) dx$$

である.ここで $|f(y)\varphi(x)|$ は積分可能であるから,フビニの定理により積分の順序交換ができて,

$$(\text{右辺}) = (2\pi)^{-d/2} \int f(y) \left(\int e^{-ixy} \varphi(x) dx \right) dy = \langle T_f, \hat{\varphi} \rangle = \langle \mathfrak{F}(T_f), \varphi \rangle$$

となる.つまり,

$$\mathfrak{F}[T_f] = T_{\hat{f}}$$

であり,緩増加超関数のフーリエ変換が可積分関数のフーリエ変換の拡張になっていることが確かめられた.このフーリエ変換の定義では,$\mathcal{S}(\mathbb{R}^d)$ が $\mathcal{S}(\mathbb{R}^d)$ に連続に写されることが大切である.さて,反転公式なども,急減少関数のフーリエ変換と同じように成り立つ.

定理 6.5. $\mathcal{S}'(\mathbb{R}^d)$ 上のフーリエ変換，フーリエ逆変換 $\mathfrak{F}^*$ は，$\mathcal{S}'(\mathbb{R}^d)$ から $\mathcal{S}'(\mathbb{R}^d)$ への 1 対 1 の上への写像であり，しかも連続，つまり

$$T_n \to T \implies \hat{T}_n \to \hat{T}, \quad \check{T}_n \to \check{T}$$

である．また，反転公式:

$$\mathfrak{F}\mathfrak{F}^*T = T, \qquad \mathfrak{F}^*\mathfrak{F}T = T$$

が任意の $T \in \mathcal{S}'(\mathbb{R}^d)$ について成り立つ．すなわち $\mathfrak{F}^* = \mathfrak{F}^{-1}$, $(\mathfrak{F}^*)^{-1} = \mathfrak{F}$ である．

証明．最初に，$\mathfrak{F}^* = \mathfrak{F}^{-1}$ を示そう．$\varphi \in \mathcal{S}(\mathbb{R}^d)$ のとき，$\mathcal{S}(\mathbb{R}^d)$ での反転公式より

$$\langle \mathfrak{F}^*\mathfrak{F}T, \varphi \rangle = \langle \mathfrak{F}T, \mathfrak{F}^*\varphi \rangle = \langle T, \mathfrak{F}\mathfrak{F}^*\varphi \rangle = \langle T, \varphi \rangle$$

が分かる．これは，$\mathfrak{F}^*\mathfrak{F}T = T$ を意味している．同様に $\mathfrak{F}\mathfrak{F}^*T = T$ も示される．これらから，フーリエ変換，フーリエ逆変換が 1 対 1 の全射であることは直ちにしたがう．

次に連続性を示そう．$T_n \to T$ (in $\mathcal{S}'$) としよう．すると $n \to \infty$ のとき

$$\langle \hat{T}_n, \varphi \rangle = \langle T_n, \hat{\varphi} \rangle \quad \longrightarrow \quad \langle T, \hat{f} \rangle = \langle \hat{T}, \varphi \rangle$$

である．つまり，$\hat{T}_n \to \hat{T}$ が導かれた．フーリエ逆変換についても同様にして連続性が示される． □

フーリエ変換が連続である，という主張は，一見抽象的で役に立たない主張のように見える．しかし実は，具体的な計算において大変有用である．つまり，もし $T_n \to T$ (in $\mathcal{S}'$) であり，T_n のフーリエ変換の計算ができるならば，その極限として T のフーリエ変換が求められるのである．

例 6.4. デルタ関数 $\delta(x)$ のフーリエ変換を計算してみよう．$\varphi \in \mathcal{S}(\mathbb{R}^d)$ とするとき

$$\langle \hat{\delta}, \varphi \rangle = \langle \delta, \hat{\varphi} \rangle = \hat{\varphi}(0) = (2\pi)^{-d/2} \int_{\mathbb{R}^d} \varphi(x) dx = \langle (2\pi)^{-d/2}, \varphi \rangle$$

となる．つまり，デルタ関数のフーリエ変換は，定数 $(2\pi)^{-d/2}$ である．フーリエ逆変換も同じになる．

例 6.5. 今度は，定数 1 のフーリエ変換を計算してみよう．定数はもちろん可積分関数ではないから，ふつうにフーリエ変換は定義できない．一方，前の例から，定数のフーリエ変換はデルタ関数の定数倍であろうと見当がつく．実際

$$\langle \mathfrak{F}[1], \varphi \rangle = \langle 1, \hat{\varphi} \rangle = \int \hat{\varphi}(x) dx$$
$$= (2\pi)^{d/2} \mathfrak{F}^*[\hat{\varphi}](0) = (2\pi)^{d/2} \varphi(0) = (2\pi)^{d/2} \langle \delta, \varphi \rangle$$

であり，$\mathfrak{F}[1](x) = (2\pi)^{d/2} \delta(x)$ であることが分かる．フーリエ逆変換も全く同じになる．

例 6.6. 例 5.4 のヘビサイド関数 $Y(x)$ のフーリエ変換を計算する．

$$Y(x) = \lim_{\varepsilon \to 0} e^{-\varepsilon x} Y(x) \qquad (\text{in } \mathcal{S}')$$

と考えると，

$$\mathfrak{F}[e^{-\varepsilon x} Y(x)](\xi) = (2\pi)^{-1/2} \int_0^\infty e^{-\varepsilon x} e^{-ix\xi} dx = \frac{1}{\sqrt{2\pi i}} \frac{1}{\xi - i\varepsilon}$$

であるから

$$\mathfrak{F}[Y](\xi) = \lim_{\varepsilon \to 0} \mathfrak{F}[e^{-\varepsilon x} Y(x)](\xi)$$
$$= \frac{1}{\sqrt{2\pi i}} \lim_{\varepsilon \to 0} \frac{1}{\xi - i\varepsilon} = \frac{1}{\sqrt{2\pi i}} \frac{1}{\xi - i0}$$

となる．ここで，極限は $\mathcal{S}'$ における収束であり，$\frac{1}{\xi - i0}$ は例 5.11 で定義された超関数である．つまり

$$\hat{Y}(\xi) = \frac{1}{\sqrt{2\pi i}} \frac{1}{\xi - i0}$$

が得られた．同様にして，$Y(x)$ のフーリエ逆変換はこの複素共役になる．例

5.4 の公式を用いると

$$\hat{Y}(\xi) = \frac{1}{\sqrt{2\pi}i}\mathrm{Pv.}\frac{1}{\xi} + \sqrt{\frac{\pi}{2}}\delta(\xi)$$

と書くこともできる．これを用いて $\mathrm{Pv.}\frac{1}{x}$ のフーリエ変換を計算することもできる．つまり

$$\hat{Y}(\xi) - \hat{Y}(-\xi) = -i\sqrt{\frac{2}{\pi}}\,\mathrm{Pv.}\frac{1}{\xi}$$

だから

$$\mathfrak{F}^*\!\left[\mathrm{Pv.}\frac{1}{\xi}\right]\!(x) = i\sqrt{\frac{\pi}{2}}\,(Y(x) - Y(-x)),$$

あるいはこの複素共役を取って

$$\mathfrak{F}\!\left[\mathrm{Pv.}\frac{1}{x}\right]\!(\xi) = -i\sqrt{\frac{\pi}{2}}\,(Y(\xi) - Y(-\xi))$$

$$= \begin{cases} -i\sqrt{\pi/2} & (\xi > 0), \\ i\sqrt{\pi/2} & (\xi < 0) \end{cases}$$

である．

例 6.7. 例 3.4 で計算した，区間 $I = [-a, a]$ の定義関数 $\chi_{[-a,a]}(x)$ のフーリエ変換は sinc 関数 $\mathrm{sin}(a\xi)$ の定数倍であった．sinc 関数は可積分でないので，フーリエ逆変換の計算はできなかった．しかし，超関数として考えれば反転公式は成り立ち

$$\mathfrak{F}^*[\mathrm{sinc}(a\xi)](x) = \frac{\sqrt{2\pi}}{2a}\,\chi_{[-a,a]}(x)$$

が (超関数の意味で) 得られる．一般に，連続でない関数 f のフーリエ変換は可積分にならない．なぜなら，$\hat{f}$ が可積分であるとすると反転公式から f は $\hat{f}$ のフーリエ逆変換となり，命題 3.2 から連続関数でなければならない．これは仮定に反する．このような場合も，超関数の意味では反転公式が成り立っているとして計算できるのである[*1)]．

[*1)] 実は，このような例については，この本では論じていないが，「2 乗可積分関数のフーリエ変換」の議論を用いて考察することもできて，より精密な結果が分かる．これについては，例えば，文献 [8], [9], [12], [13] などを見よ．

例 6.8. 例 4.5 で見た $\mathbb{R}^3$ 上の関数 $f(x) = e^{-a|x|}/|x|$ のフーリエ変換も，前の例と同様の状況である．つまり，$f(x)$ 自身は不連続であるばかりか有界でもないので，フーリエ変換は可積分ではあり得ない．実際，計算で得られる

$$\hat{f}(\xi) = \sqrt{\frac{2}{\pi}} \frac{1}{a^2 + |\xi|^2} \qquad (\xi \in \mathbb{R}^3)$$

はなめらかな関数だが可積分ではない．しかし，超関数としては右辺のフーリエ逆変換は $f(x)$ になっている．ここで $a \to 0$ の極限を考えると，$f(x)$ は $1/|x|$ に $\mathcal{S}'(\mathbb{R}^3)$ で収束している[*1)．同様に右辺は $1/|\xi|^2$ の定数倍に $\mathcal{S}'(\mathbb{R}^3)$ で収束する．したがって

$$\mathfrak{F}\left[\frac{1}{|x|}\right](\xi) = \sqrt{\frac{2}{\pi}} \frac{1}{|\xi|^2}$$

が得られる．フーリエ逆変換も全く同じ結果になる．もっと一般に，$\mathbb{R}^d$ での $|x|^{-a}$ $(0 < a < d)$ のフーリエ変換は $|\xi|^{-(d-a)}$ の定数倍になることが証明できる．

6.4　$\mathcal{S}'(\mathbb{R}^d)$ での演算とフーリエ変換

この節では，超関数の演算 (微分，たたみこみ，変数変換) とフーリエ変換の関係を見てみよう．基本的には，$\mathcal{S}(\mathbb{R}^d)$ での公式と全く同じであり，証明も $\mathcal{S}(\mathbb{R}^d)$ での結果を用いる．

次の定理は，定理 6.2 と同じ形の公式である．

定理 6.6. $T \in \mathcal{S}'(\mathbb{R}^d)$, $\alpha, \beta \in \mathbb{Z}_+^d$ とするとき

$$\mathfrak{F}\left[x^\alpha \partial_x^\beta T\right](\xi) = (i\partial_\xi)^\alpha ((i\xi)^\beta \hat{T}(\xi)),$$
$$\mathfrak{F}^*\left[\xi^\alpha \partial_\xi^\beta T\right](x) = (-i\partial_x)^\alpha ((-ix)^\beta \check{T}(x)).$$

証明． $\mathcal{S}'(\mathbb{R}^d)$ での微分とフーリエ変換の定義，定理 6.2 より

[*1)　$1/|x|$, $1/|x|^2$ は $\mathbb{R}^3$ では局所可積分関数であることに注意．

$$\langle \mathfrak{F}[x^\alpha \partial_x^\beta T], \varphi \rangle = (-1)^{|\beta|+} \langle T, \partial_x^\beta(x^\alpha \hat{\varphi}) \rangle$$
$$= (-1)^{|\beta|+} \langle T, \mathfrak{F}[(-ix)^\beta(-i\partial_x)^\alpha \varphi] \rangle$$
$$= (-1)^{|\beta|+}(-1)^{|\alpha|+} \langle (-i\partial_x)^\alpha(-ix)^\beta \hat{T}, \varphi \rangle$$
$$= \langle (i\partial_x)^\alpha ((ix)^\beta \hat{T}, \varphi \rangle$$

が得られる．ここで，混乱を避けるため，変数はすべて x に統一している．これで第1の等式は証明された．第2の等式も同様に証明できる． □

例 6.9 (デルタ関数の微分). $\delta(x) \in \mathcal{S}'(\mathbb{R}^d)$ の微分のフーリエ変換を計算しよう．$\alpha \in \mathbb{Z}_+^d$ を多重指数として

$$\mathfrak{F}[\partial_x^\alpha \delta](\xi) = (i\xi)^\alpha \hat{\delta}(\xi) = (2\pi)^{-d/2} i^{|\alpha|+} \xi^\alpha$$

が上の公式から得られる．つまり，デルタ関数の微分のフーリエ変換は単項式（ξ のべき）になることが分かる．同様にして

$$\mathfrak{F}^*[\partial_\xi^\alpha \delta](x) = (-ix)^\alpha \check{\delta}(x) = (2\pi)^{-d/2}(-i)^{|\alpha|+} x^\alpha$$

が成り立つ．反転公式より，単項式のフーリエ変換がデルタ関数の微分であることもしたがう．つまり

$$\mathfrak{F}[x^\alpha](\xi) = (2\pi)^{d/2} i^{|\alpha|+} \partial_\xi^\alpha \delta(\xi), \quad \mathfrak{F}^*[\xi^\alpha](x) = (2\pi)^{d/2}(-i)^{|\alpha|+} \partial_x^\alpha \delta(x).$$

例 6.10. $\mathbb{R}^1$ 上で，ヘビサイド関数 $Y(x)$ に x のべきをかけたもののフーリエ変換を考えよう．

$$\mathfrak{F}[x^m Y(x)](\xi) = (i\partial_\xi)^m \frac{1}{\sqrt{2\pi}i} \frac{1}{\xi - i0} = \frac{-(-i)^{m-1} m!}{\sqrt{2\pi}} \frac{1}{(\xi - i0)^{m+1}}$$

が分かる．ただし

$$\left\langle \frac{1}{(\xi - i0)^m}, \varphi \right\rangle = \lim_{\varepsilon \to +0} \int \frac{\varphi(\xi)}{(\xi - i\varepsilon)^m} d\xi \quad (\varphi \in \mathcal{S}(\mathbb{R}))$$

である．

たたみこみとフーリエ変換の関係も，公式自体は定理 4.11 と同じである．

定理 6.7. $T \in \mathcal{S}'(\mathbb{R}^d)$, $\varphi \in \mathcal{S}(\mathbb{R}^d)$ のとき，

$$\mathfrak{F}[\varphi T] = (2\pi)^{-d/2}\hat{\varphi} * \hat{T}, \qquad \mathfrak{F}[T * \varphi] = (2\pi)^{d/2}\hat{\varphi}\hat{T}.$$

フーリエ逆変換についても同じ公式が成り立つ．

証明. $\varphi, \psi \in \mathcal{S}(\mathbb{R}^d)$ ならば，$\tilde{\varphi}(x) = \varphi(-x)$ と書くとき

$$\begin{aligned}(\tilde{\varphi} * \hat{\psi})(y) &= \int \varphi(x-y)\hat{\psi}(x)dx = (2\pi)^{-d/2}\int \varphi(x-y)\psi(z)e^{-ixz}dzdx \\ &= (2\pi)^{-d/2}\int\left(\int \varphi(x-y)e^{-i(x-y)z}dx\right)e^{-iyz}dz \\ &= \int \hat{\varphi}(z)\psi(z)e^{-iyz}dz = (2\pi)^{d/2}\mathfrak{F}[\hat{\varphi}\psi](y)\end{aligned}$$

が得られる[*1)]．したがって

$$\begin{aligned}\langle\mathfrak{F}[T*\varphi],\psi\rangle &= \langle T*\varphi,\hat{\psi}\rangle = \langle T, \tilde{\varphi}*\hat{\psi}\rangle \\ &= (2\pi)^{d/2}\langle T, \mathfrak{F}[\hat{\varphi}\psi]\rangle = (2\pi)^{d/2}\langle \hat{T}, \hat{\varphi}\psi\rangle \\ &= (2\pi)^{d/2}\langle\hat{\varphi}\hat{T}, \psi\rangle\end{aligned}$$

がしたがう．これより第 2 の公式がしたがう．フーリエ逆変換についても全く同じ計算ができる．第 1 の公式は，第 2 の公式と反転公式からしたがう． □

最後に，変数変換とフーリエ変換の関係を与えよう．ここでは，平行移動と線形変換のみを考える．

定理 6.8. (1) $T \in \mathcal{S}'(\mathbb{R}^d)$, $a \in \mathbb{R}^d$ とする．このとき $T(x)$ の平行移動 $T_a(x) = T(x+a)$ のフーリエ変換は $e^{ia\cdot\xi}\hat{T}(\xi)$ で与えられる．同様に，T_a の逆フーリエ変換は $e^{-ia\cdot x}\check{T}(x)$ で与えられる．
(2) A を可逆な $d \times d$ 行列として，A による $T \in \mathcal{S}'(\mathbb{R}^d)$ の座標変換を

[*1)] もちろん定理 4.11 を用いてもよい．

$T_A(x) = T(Ax)$ と書こう．すると T_A のフーリエ変換は $|\det A|^{-1}\hat{T}(A^{-1}\xi)$ で与えられる．同様に T_A の逆フーリエ変換は $|\det A|^{-1}\check{T}(A^{-1}x)$ で与えられる．

この定理は，もちろん可積分関数の場合 (命題 4.6) の拡張になっている．証明は，定理 6.6, 定理 6.7 と同様に，試験関数の変換に帰着させて計算すればよい．詳細は省略する．

例 6.11. 定理 6.8(2) より，回転対称な超関数のフーリエ変換は，やはり回転対称になることが分かる．つまり任意の回転行列 U に対して $T(Ux) = T(x)$ ならば，$\hat{T}(U\xi) = \hat{T}(\xi)$ がすべての回転行列 U について成り立つ．さらに，定数 $\ell \in (0, d)$ があって $r > 0$ に対して $T(rx) = r^{-\ell}T(x)$ が成り立つと仮定しよう．つまり，$T(x)$ は $(-\ell)$-次の斉次関数であるとする．このとき，T は局所可積分関数 $a|x|^{-\ell}$ (a は定数) から決まる超関数であることが証明できる (ここでは証明は省略する)．すると，超関数の変数変換の公式より，T のフーリエ変換は $(\ell - d)$ 次の斉次関数である．実際

$$r^{-\ell}\hat{T}(\xi) = \mathfrak{F}[T(rx)](\xi) = r^{-d}\hat{T}(r^{-1}\xi)$$

であるから，$s = r^{-1}$ と書けば

$$\hat{T}(s\xi) = s^{-(d-\ell)}\hat{T}(\xi)$$

がしたがう．したがって

$$\mathfrak{F}[|x|^{-\ell}](\xi) = c|\xi|^{-(d-\ell)}$$

である．定数 c の計算は必ずしも簡単ではない (例えば，文献 [12] 2.6 節を参照)．$d = 3, \ell = 1$ の場合は，例 6.8 の結果より $c = \sqrt{2/\pi}$ であることが分かる．

6.5 周期的な超関数とそのフーリエ変換

$\mathbb{R}$ 上の超関数 $T \in \mathcal{S}'(\mathbb{R})$ が周期 τ の周期的な超関数であるとは

$$T(x+\tau) = T(x)$$

が成り立っていることである[*1)]. この節では,超関数の記号と紛らわしくないように,周期を τ で表そう. 波数は前と同様に $\omega = 2\pi/\tau$ と書く. 第1章,第2章においては,周期関数のフーリエ級数展開を学んだ. 特に,フーリエ係数 $\{c[n]\}$ が条件 $\sum_{n=-\infty}^{\infty} |c[n]| < \infty$ を満たせば,フーリエ級数

$$\sum_{n=-\infty}^{\infty} c[n] e^{i\omega n t}$$

は連続な周期関数に一様収束する(補題 1.12). このようなフーリエ級数展開は,周期的な超関数についても成り立つかどうか考えてみよう.

補題 6.9. 定数 $N, C > 0$ が存在して

$$|c[n]| \leq C(1+|n|)^N \qquad (n \in \mathbb{Z})$$

が成り立つと仮定すると

$$T := \sum_{n=-\infty}^{\infty} c[n] e^{i\omega n t} = \lim_{M \to \infty} \sum_{n=-M}^{M} c[n] e^{i\omega n t}$$

は $\mathcal{S}'(\mathbb{R})$ の元として収束し,緩増加超関数を定める. さらに,T のフーリエ変換は

$$\hat{T}(\xi) = \sqrt{2\pi} \sum_{n=-\infty}^{\infty} c[n] \delta(\xi - \omega n)$$

で与えられる.

証明. $\varphi \in \mathcal{S}(\mathbb{R})$ とすると,超関数として

$$\langle e^{i\omega n t}, \varphi \rangle = \int e^{i\omega n t} \varphi(t) dt = \sqrt{2\pi} \check{\varphi}(\omega n)$$

が成り立つ. したがって

[*1)] ここでは,前節で定義した変数の平行移動の記号を用いている.

$$\left\langle \sum_{-M}^{M} c[n]\, e^{i\omega nt}, \varphi \right\rangle = \sum_{n=-M}^{M} c[n]\, \langle e^{i\omega nt}, \varphi\rangle = \sqrt{2\pi} \sum_{n=-M}^{M} c[n]\, \check{\varphi}(\omega n)$$

が分かる. $\{c[n]\}$ に関する仮定から

$$|c[n]\check{\varphi}(\omega n)| \le C(1+|n|)^N |\check{\varphi}(\omega n)|$$
$$\le C \sup_{n} \left|(1+|n|)^{N+2}\check{\varphi}(\omega n)\right| \cdot (1+|n|)^{-2}$$

なので, 上式の右辺は $M \to \infty$ のとき絶対収束する. つまり

$$\langle T, \varphi \rangle = \sqrt{2\pi} \sum_{n=-\infty}^{\infty} c[n]\, \check{\varphi}(\omega n)$$

は $\mathcal{S}'(\mathbb{R})$ の元を定める. この右辺を書き換えて

$$\langle T, \varphi \rangle = \sqrt{2\pi} \sum_{n=-\infty}^{\infty} c[n]\, \langle \delta(x-\omega n), \check{\varphi} \rangle$$
$$= \left\langle \sqrt{2\pi} \sum_{n=-\infty}^{\infty} c[n]\, \delta(x-\omega n), \check{\varphi} \right\rangle$$

が導かれるが, $\varphi = \hat{\psi}$ と書けば, 超関数のフーリエ変換の定義より $\hat{T}$ に関する補題の公式が得られる. □

では逆に, 周期的な超関数 $T \in \mathcal{S}'(\mathbb{R})$ から, どのようにしてフーリエ係数 $\{c[n]\}$ を見つければいいかを考えよう. もちろん, フーリエ級数の定義そのままでは拡張できない. そこで, 「1 の分割」を用いる. $\chi \in C_0^\infty(\mathbb{R})$ を, 条件:

$$\chi(t) \ge 0, \quad \sum_{n=-\infty}^{\infty} \chi(t+n\tau) = 1 \qquad (t \in \mathbb{R}) \tag{6.1}$$

を満たす関数とする[*1]. すると $\varphi \in \mathcal{S}(\mathbb{R})$ は

[*1] このような関数は次のようにして構成できる. $\chi_0 \in C_0^\infty(\mathbb{R})$ として, 台が $[-2\tau, 2\tau]$ に含まれ, $\chi_0(t) > 0$ $(t \in [-\tau, \tau])$ であるような非負関数を選ぶ. χ_0 を用いて

$$\chi(t) = \Big(\sum_{n=-\infty}^{\infty} \chi_0(t-n\tau) \Big)^{-1} \chi_0(t)$$

と定義すればよい.

$$\varphi(t) = \sum_{n=-\infty}^{\infty} \left(\chi(t - n\tau)\varphi(t) \right)$$

と分解できる．この無限和は，$\mathcal{S}(\mathbb{R})$ の元として収束する．T の周期性を用いると

$$\langle T, \varphi \rangle = \sum_{n=-\infty}^{\infty} \langle T, \chi(t - n\tau)\varphi(t) \rangle$$
$$= \left\langle T, \chi \left(\sum_{n=-\infty}^{\infty} \varphi(t - n\tau) \right) \right\rangle \qquad (6.2)$$

と書くことができる．ここで $\sum \varphi(t - n\tau)$ は周期的な C^∞-級関数だから，フーリエ級数展開を用いて

$$\sum_{n=-\infty}^{\infty} \varphi(t - n\tau) = \sum_{m=-\infty}^{\infty} d[m] \, e^{i\omega m t}$$

と表すことができる．ここでフーリエ係数は

$$d[m] = \frac{1}{\tau} \int_0^\tau \sum_{n=-\infty}^{\infty} \varphi(t - n\tau) e^{-i\omega m t} dt = \frac{\sqrt{2\pi}}{\tau} \check{\varphi}(-\omega m)$$

である．これを式 (6.2) に代入すると

$$\langle T, \varphi \rangle = \frac{\sqrt{2\pi}}{\tau} \left\langle T, \chi(t) \sum_{m=-\infty}^{\infty} \check{\varphi}(-\omega m) e^{i\omega m t} \right\rangle.$$

ここで T の連続性と $d[m]$ が $|m| \to \infty$ のとき急減少することを用いると，無限和と超関数の作用の順序を交換できることが分かる．すると

$$\langle T, \varphi \rangle = \frac{\sqrt{2\pi}}{\tau} \sum_{m=-\infty}^{\infty} \langle T, \chi(t) \, e^{i\omega m t} \rangle \check{\varphi}(-\omega m)$$
$$= \frac{\sqrt{2\pi}}{\tau} \sum_{m=-\infty}^{\infty} \langle T, \chi(t) \, e^{-i\omega m t} \rangle \check{\varphi}(\omega m)$$

がしたがう．これと補題 6.9 の結果を見比べると

$$c[n] = \frac{1}{\tau} \langle T, \chi(t) e^{-i\omega n t} \rangle \qquad (n \in \mathbb{Z})$$

とおけばよいことが分かる．また T の連続性から，定数 $C, N > 0$ が存在して

$$|c[n]| \leq C(1+|n|)^N \qquad (n \in \mathbb{Z})$$

が成り立つことも証明できる．以上の，やや形式的な議論はすべて正当化できて，次の定理が得られる．

定理 6.10. $T \in \mathcal{S}'(\mathbb{R})$ が周期的な超関数であるとき

$$c[n] = \frac{1}{\tau} \langle T, \chi(t) e^{-i\omega n t} \rangle$$

とおけば，$\{c[n]\}$ は緩増加条件：

$$\text{ある } C, N > 0 \text{ が存在して} \quad |c[n]| \leq C(1+|n|)^N \quad (n \in \mathbb{Z}) \qquad (6.3)$$

を満たし，T のフーリエ級数展開は

$$T = \sum_{n=-\infty}^{\infty} c[n] e^{i\omega n t}$$

で与えられる．逆に，$\{c[n]\}$ が (6.3) を満たす数列ならば，$\sum c[n] e^{i\omega n t}$ は周期的な超関数を定める．

例 6.12. $f(t)$ が周期的なリプシッツ連続関数の場合は，f のフーリエ変換は

$$\hat{f}(\xi) = \sqrt{2\pi} \sum_{n=-\infty}^{\infty} (\mathcal{F}f)[n]\, \delta(\xi - \omega n)$$

となる．もっと一般に，f が局所可積分な周期関数ならば

$$c[n] = \frac{1}{2\pi} \int_0^\tau f(t) e^{-i\omega n t} dt$$

は有界な数列となり，上の公式が成り立つ．このとき f のフーリエ級数展開は，関数としては収束するとは限らないが，超関数としては収束する．ここで与えたフーリエ係数が，定理 6.10 で与えたフーリエ係数と一致することは簡単に証明できる．

例 6.13 (周期的なデルタ関数の列). $\sum_{n=-\infty}^{\infty} \delta(t-\tau n)$ のフーリエ係数は，定理 6.10 より

$$c[n] = \frac{1}{\tau}\left\langle \sum_{n=-\infty}^{\infty} \delta(t-\tau n), \chi(t)e^{-i\omega nt}\right\rangle = \frac{1}{\tau}$$

である．したがって

$$\mathfrak{F}\left[\sum_{n=-\infty}^{\infty} \delta(t-\tau n)\right] = \frac{\sqrt{2\pi}}{\tau}\sum_{n=-\infty}^{\infty} \delta(\xi-\omega n), \qquad \omega = \frac{2\pi}{\tau}$$

を得る．つまり，周期的なデルタ関数の列のフーリエ変換は，ふたたび周期的なデルタ関数の列になる．この両辺を $\varphi \in \mathcal{S}(\mathbb{R})$ に作用させると

$$\sum_{n=-\infty}^{\infty} \hat{\varphi}(\tau n) = \frac{\sqrt{2\pi}}{\tau}\sum_{n=-\infty}^{\infty} \varphi(\omega n)$$

がしたがう．これはポアッソンの和公式 (定理 3.18) に他ならない．また，デルタ関数列のフーリエ級数展開は

$$\sum_{n=-\infty}^{\infty} \delta(t-\tau n) = \frac{1}{\tau}\sum_{n=-\infty}^{\infty} e^{i\omega nt} = \frac{1}{\tau}\left(1 + 2\sum_{n=1}^{\infty} \cos(\omega nt)\right)$$

と表すこともできる．

例 6.14 (サンプリング定理・再論). 3.11 節で論じたシャノンのサンプリング定理の議論は，この節の結果を用いると，もっと見やすくなる[*1)]．信号を $f \in \mathcal{S}(\mathbb{R})$ としよう．サンプリングされた信号は $\{f(nT)\}$ であるが，これをデルタ関数の列：

$$\sum_{-\infty}^{\infty} f(nT)\delta(t-nT) = f(t)\cdot\left(\sum_{-\infty}^{\infty} \delta(t-nT)\right)$$

であると考えよう[*2)]．この右辺のフーリエ変換は，前例の結果と定理 6.7(たたみこみ，積とフーリエ変換の関係) を用いれば

[*1)] 結果が改良されるわけではない．
[*2)] 実際，電子回路としては，サンプリングはこれに近い形で実現される．

6.5 周期的な超関数とそのフーリエ変換

$$\mathfrak{F}\left[\sum_{n=-\infty}^{\infty} f(nT)\delta(t-nT)\right](\xi) = \frac{1}{\sqrt{2\pi}}\hat{f} * \mathfrak{F}\left[\sum_{n=-\infty}^{\infty}\delta(\cdot - nT)\right]$$

$$= \frac{1}{T}\hat{f} * \left(\sum_{n=-\infty}^{\infty}\delta(\cdot - \omega n)\right)$$

$$= \frac{1}{T}\sum_{n=-\infty}^{\infty}\hat{f}(\xi - \omega n)$$

と書ける．ここで $\omega = 2\pi/T$ とおいた．つまり，サンプリングされた信号のフーリエ変換は，f のフーリエ変換の平行移動を足しあわせたものになる．したがって，もし $\operatorname{supp}\hat{f} \subset [-\omega/2, \omega/2]$ が成り立っていれば，$\hat{f}(\xi)$ をサンプリングされた信号のフーリエ変換から切り出すことができて，$f(t)$ が再構成されるのである．さて，上の式の左辺を計算するとポアッソンの和公式となり，サンプリング定理のほかの主張も 3.11 節と同様にして証明できる．

例 6.15. フーリエ係数

$$c[n] = \begin{cases} 1 & (n > 0), \\ 0 & (n = 0), \\ -1 & (n < 0) \end{cases}$$

に対応する周期的な超関数を考えてみよう．つまり

$$T = \sum_{n=1}^{\infty}\left(e^{i\omega nt} - e^{-i\omega nt}\right) = 2i\sum_{n=1}^{\infty}\sin(\omega nt)$$

は何か？

$$T = \lim_{r\uparrow 1}\sum_{n=1}^{\infty} r^n\left(e^{i\omega nt} - e^{-i\omega nt}\right)$$

と考えて計算すると

$$\sum_{n=1}^{\infty} r^n \left(e^{i\omega nt} - e^{-i\omega nt} \right) = \frac{1}{1-re^{i\omega t}} - \frac{1}{1-re^{-i\omega t}}$$

$$= \frac{2ir\sin(\omega t)}{1-2r\cos(\omega t)+r^2} = \frac{i\sin\left(\dfrac{\omega t}{2}\right)\cos\left(\dfrac{\omega t}{2}\right)}{\left(\dfrac{(1-r)^2}{4r}\right)+\sin^2\left(\dfrac{\omega t}{2}\right)}$$

であるから，$r \uparrow 1$ のとき，$\omega t \notin 2\pi\mathbb{Z}$ では，右辺は $i\cot(\omega t/2)$ に収束する．コーシーの主値 $\mathrm{Pv}.(\frac{1}{x})$ と同じように，これは $i\cot(\omega t/2)$ の積分の主値と考えてよい．したがって，超関数としての公式

$$\sum_{n=1}^{\infty} \sin(\omega n t) = \frac{1}{2}\mathrm{Pv}.\left[\cot\left(\frac{\omega t}{2}\right)\right]$$

が得られる．

6.6　定数係数偏微分作用素の基本解

この節では，定数係数の偏微分作用素

$$Pf(x) = \sum_{0 \leq |\alpha|_+ \leq m} a_\alpha \partial_x^\alpha f(x) \qquad (f \in C^m(\mathbb{R}^d))$$

について考えよう．ここで，α は多重指数の集合を動き，$a_\alpha \in \mathbb{C}$，m は偏微分作用素 P の階数である．g が与えられたとき，f について偏微分方程式：

$$Pf(x) = g(x) \tag{6.4}$$

を解きたいとしよう．

定義 6.7. $G \in \mathcal{D}'(\mathbb{R}^d)$ が，定数係数偏微分作用素 P の**基本解**(fundamental solution) であるとは

$$PG(x) = \delta(x)$$

を満たすことである．

つまり，基本解とは，$g(x)$ がデルタ関数であるときの方程式 (6.4) の解である．もし基本解を求めることができれば，任意の $g \in \mathcal{D}(\mathbb{R}^d)$ に対して方程式の解が構成できる．実際

$$f(x) = (G * g)(x) \in C^\infty(\mathbb{R}^d)$$

とおけば

$$Pf = P(G * g) = (PG) * g = \delta * g = g$$

であり，方程式 (6.4) の一つの解になっている．さらに，G の性質が詳しく分かれば，$G * g$ が定義できるような g の範囲を広げることもできる．ただし，このようにして構成した解以外にも方程式の解はあるかもしれない．なぜなら，$S \in \mathcal{D}'(\mathbb{R}^d)$ が方程式 $PS = 0$ を満たせば，$G * g + S$ も方程式を満たすからである．方程式の一般解は，この形で与えられる．

このように，定数係数偏微分方程式の解の構成や，性質の研究に基本解は大変有用である．一般に，定数係数偏微分作用素には基本解が存在することが証明されている．

定理 6.11 (マルグランジュ・エーレンプライスの定理). 任意の定数係数偏微分作用素に対して基本解 $G \in \mathcal{D}'(\mathbb{R}^d)$ が存在する．

この定理の証明は，本書の範囲を超えるので省略する．例えば文献 [16] IX.5 節に証明が載っている．以下では，どのようにして基本解を構成するかを，実例を中心に見ていこう．

偏微分作用素 P のシンボル(symbol, 表象ともいう) を

$$\sigma_P(\xi) = \sum_{0 \leq |\alpha|_+ \leq m} a_\alpha \cdot (i\xi)^\alpha \qquad (\xi \in \mathbb{R}^d)$$

と定義する．フーリエ変換と微分の関係から

$$\mathfrak{F}[P\varphi](\xi) = \sigma_P(\xi)\hat{\varphi}(\xi), \qquad \varphi \in \mathcal{S}(\mathbb{R}^d)$$

が成り立つ．つまり，P はフーリエ変換で $\sigma_P(\xi)$ によるかけ算に変換される．

もし $\eta \in \mathcal{S}'(\mathbb{R}^d)$ で
$$\sigma_P(\xi)\eta(\xi) = 1$$
を満たすものが見つかれば，$G = (2\pi)^{-d/2}\mathfrak{F}^*[\eta]$ が基本解となることは，両辺をフーリエ変換すればすぐに分かる．

もし，すべての $\xi \in \mathbb{R}^d$ に対して $\sigma_P(\xi) \neq 0$ であれば
$$|\sigma_P(\xi)| \geq c > 0 \qquad (\xi \in \mathbb{R}^d)$$
が成り立つ．このときは
$$\eta(\xi) = (\sigma_P(\xi))^{-1}$$
と定義すれば，η は有界でなめらかな関数となり，さらに上の条件を満たすので基本解 $G = (2\pi)^{d/2}\check{\eta}$ が得られる．つまり
$$G(x) = \frac{1}{(2\pi)^d}\int_{\mathbb{R}^d}\frac{e^{ix\cdot\xi}}{\sigma_P(\xi)}d\xi$$
である[*1)]．

一般に $\sigma_P(\xi)$ が零点を持つ場合の基本解の構成は次のようなアイデアを用いる．まず，$d=1$ の場合には，零点をさけるように積分路を変更する．コーシーの積分定理から，積分は零点をどのように避けたかという幾何的な条件からだけ決まる．こうして計算された $G(x)$ が基本解の性質を満たすことも，コーシーの積分公式を用いて証明できる．$d>1$ の場合は，$\xi_2,\ldots,\xi_d$ を固定して，ξ_1 に関する積分の積分路を同様の方法で変更して $G(x)$ を構成する．積分路の取り方は 1 次元の場合に比べて複雑になる[*2)]．

例 6.16 (3 次元のラプラス方程式). $a \in \mathbb{C}$ として，$\mathbb{R}^3$ 上の偏微分作用素：
$$Pf(x) = (-\triangle + a^2)f(x) = -\sum_{k=1}^{3}\frac{\partial^2 f}{\partial x_k^2}(x) + a^2 f(x) \qquad (x \in \mathbb{R}^3)$$

[*1)] この右辺は，超関数のフーリエ変換であり，関数の積分で書くのは形式的な表現である．しかし，実際には関数の積分として計算できる場合が多いので，あえてこのように書いたのである．

[*2)] こうして構成された基本解は，一般には無限遠方で指数的に発散するかもしれない．つまり $G \in \mathcal{S}'(\mathbb{R}^d)$ とは限らない．

6.6 定数係数偏微分作用素の基本解

を考えよう．例 4.5 の計算

$$\mathfrak{F}\left[\frac{e^{-ar}}{r}\right] = \sqrt{\frac{2}{\pi}} \frac{1}{a^2 + |\xi|^2}$$

は，$a \in \mathbb{C}, \mathrm{Re}\, a > 0$ について成り立つので，$\mathrm{Re}\, a > 0$ ならば

$$G(x) = (2\pi)^{-3} \int \frac{e^{ix\cdot\xi}}{a^2 + |\xi|^2} d\xi = \frac{1}{4\pi} \frac{e^{-a|x|}}{|x|}$$

が得られる．$a^2 \in \mathbb{C} \setminus (-\infty, 0]$ の場合は，$\mathrm{Re}\, a > 0$ として計算すれば，この公式で基本解は得られる．$a^2 \in (-\infty, 0]$ の場合を考えよう．$a = 0$ の場合については，$a > 0$ から $a \to 0$ の極限を取り，

$$G(x) = \frac{1}{4\pi} \frac{1}{|x|}$$

が基本解であることが分かる．$a = \pm i\lambda + \varepsilon, \lambda > 0, \varepsilon > 0$ とおいて，$\varepsilon \to 0$ の極限を考えると $a^2 \to -\lambda^2 \in (-\infty, 0)$ となる．すると $\varepsilon \to 0$ のとき

$$\frac{1}{4\pi} \frac{e^{(\mp i\lambda - \varepsilon)|x|}}{|x|} \longrightarrow \frac{1}{4\pi} \frac{e^{\mp i\lambda|x|}}{|x|} = G_{\pm}(x)$$

となり，二つの異なる基本解が得られる．これらは

$$\lim_{\varepsilon \to +0} \frac{1}{|\xi|^2 - \lambda^2 \mp i\varepsilon} = \frac{1}{|\xi|^2 - \lambda^2 \mp i0}$$

の超関数としての逆フーリエ変換 (の定数倍) になっている．基本解の性質から

$$T = \frac{1}{2i}(G_- - G_+) = \frac{1}{4\pi} \frac{\sin(\lambda|x|)}{|x|}$$

は方程式 $(-\triangle - \lambda^2)T = 0$ の解であり，T は

$$\delta(|\xi|^2 - \lambda^2) = \frac{1}{2\pi i}\left\{\frac{1}{|\xi|^2 - \lambda^2 - i0} - \frac{1}{|\xi|^2 - \lambda^2 + i0}\right\}$$

の逆フーリエ変換 (の定数倍) である[*1)]．

[*1)] これ以外にも，$(-\triangle - \lambda^2)T = 0$ の解はたくさんある．$g(\xi)$ を $\{\xi \mid |\xi| = \lambda\}$ 上の連続関数として，$\mathfrak{F}^*[g(\xi)\delta(|\xi|^2 - \lambda^2)]$ は方程式を満たす．これはまた，上で求めた T とある関数のたたみこみになっている．

6.7　発展方程式の基本解

これまで取り上げてきた偏微分方程式の多く (熱方程式, 波動方程式, シュレディンガー方程式) は, $t=0$ で初期値を与えて関数の時間発展を与える方程式であった. このような方程式を, **発展方程式**(evolution equation) と呼ぶ[*1)]. この節では, 定数係数の発展方程式をフーリエ変換を用いて解く一般的な枠組みと, そこで現れる基本解について説明する.

時間変数を $t > 0$, 空間変数を $x \in \mathbb{R}^d$ として, t に関して 1 階の連立偏微分方程式を考えよう. 未知関数を

$$\mathbf{u}(t,x) = \begin{pmatrix} u_1(t,x) \\ \vdots \\ u_m(t,x) \end{pmatrix} \in \mathbb{C}^m \qquad (t>0, x \in \mathbb{R}^d)$$

としよう. 方程式:

$$\begin{cases} \dfrac{d}{dt}\mathbf{u}(t,x) = P(\partial_x)\mathbf{u}(t,x) & (t>0, x\in\mathbb{R}^d), \\ \mathbf{u}(0,x) = \mathbf{f}(x) & (x\in\mathbb{R}^d) \end{cases} \quad (6.5)$$

を考える. ここで $P(\partial_x)$ は行列形の定数係数偏微分作用素:

$$P(\partial_x) = \begin{pmatrix} p_{11}(\partial_x) & \cdots & p_{1m}(\partial_x) \\ \vdots & \ddots & \vdots \\ p_{m1}(\partial_x) & \cdots & p_{mm}(\partial_x) \end{pmatrix}$$

であり, 各 $p_{ij}(\partial_x)$ は定数係数の偏微分作用素とする.

$$\mathbf{f}(x) = (f_1(x), \ldots, f_m(x))$$

は初期値である. 前節と同様に, P のシンボルを

$$\sigma_P(\xi) = P(i\xi) \qquad (\xi \in \mathbb{R}^d)$$

[*1)] 3.9.2 節で取り上げたディリクレ問題も, 発展方程式として取り扱うことができる.

と書こう．$\sigma_P(\xi)$ は $m \times m$ 行列に値を持つ関数である．方程式 (6.5) の両辺を x に関してフーリエ変換すると

$$\begin{cases} \dfrac{\partial}{\partial t}\hat{\mathbf{u}}(t,\xi) = \sigma_P(\xi)\hat{\mathbf{u}}(t,\xi) & (t>0, \xi \in \mathbb{R}^d), \\ \hat{\mathbf{u}}(0,\xi) = \hat{\mathbf{f}}(\xi) & (\xi \in \mathbb{R}^d) \end{cases}$$

となる[*1]．したがって，行列の指数関数を用いてこの方程式の解は

$$\hat{\mathbf{u}}(t,\xi) = \exp(t\sigma_P(\xi))\hat{\mathbf{f}}(\xi) \qquad (t>0, \xi \in \mathbb{R}^d)$$

と書けることが分かる．もしこの逆フーリエ変換が定義できるならば

$$\mathbf{u}(t,x) = \mathfrak{F}^*\big[\exp(t\sigma_P(\xi))\hat{\mathbf{f}}(\xi)\big](x) \qquad (t>0, x \in \mathbb{R}^d)$$

が解であることになる．

$$\exp(t\sigma_P(\xi)) \in \mathcal{S}'(\mathbb{R}^d)$$

が成り立っているとき

$$E_t = (2\pi)^{-d/2} \mathfrak{F}^*[\exp(t\sigma_P(\xi))] \in \mathcal{S}'(\mathbb{R}^d)$$

と定義し，E_t を発展方程式 (6.5) の基本解であるという．積，たたみこみとフーリエ変換の関係から，形式的には

$$\mathbf{u}(t,x) = (E_t * \mathbf{f})(x)$$

が方程式 (6.5) の解であることが導かれる．一般に，この議論が成り立つための条件としては，$\sigma_P(\xi)$ の固有値の実部が有界であればよいことが証明できる．一般的な理論は省略して，具体例について以下では見て行こう．

例 6.17 (熱方程式). 4.4 節で見た，d 次元のユークリッド空間上の熱方程式の解は

[*1] ここで $\hat{\ }$ は x 変数に関してフーリエ変換された関数を表すことにする．

$$u(x,t) = \int_{\mathbb{R}^d} G(x-y) f(y) dy, \qquad G(x,t) = (4\pi t)^{-d/2} e^{-|x|^2/4t}$$

と書けた．ここで，$f(x)$ は初期値である．グリーン関数 $G(x,t)$ は

$$G(x,t) = (2\pi)^{-d/2} \mathfrak{F}^* \left[e^{-t|\xi|^2} \right](x) = E_t(x)$$

であり，上で見た基本解に他ならない．

例 6.18 (自由なシュレディンガー方程式). 4.5 節で見た，非相対論的な自由粒子を記述するシュレディンガー方程式

$$\begin{cases} \dfrac{\partial}{\partial t} \psi(t,x) = \dfrac{i}{2m} \triangle_x \psi(x,t), \\ \psi(0,x) = v(x) \end{cases}$$

の基本解を構成しよう．ここで，$v(x)$ は初期値で，L^2-条件と L^1-条件を満たすと仮定する．この方程式を x についてフーリエ変換すると

$$\frac{\partial}{\partial t} \hat{\psi}(t,\xi) = \frac{-i}{2m} |\xi|^2 \hat{\psi}(t,\xi)$$

となるので，$e^{-it|\xi|^2/2m}$ の逆フーリエ変換を計算すれば基本解が得られる．それには $\exp(-it|\xi|^2/2m) = \lim_{\varepsilon\to 0} \exp[(-\varepsilon - it/2m)|\xi|^2]$ と考えて計算することにより

$$\begin{aligned} E_t(x) &= \lim_{\varepsilon\to 0} (2\pi)^{-d/2} \mathfrak{F}^* \left[e^{(-\varepsilon-it/2m)|\xi|^2} \right](x) \\ &= \lim_{\varepsilon\to 0} (4\pi(\varepsilon + it/2m))^{-d/2} e^{-|x|^2/4(\varepsilon+it/2m)} \\ &= \left(\frac{m}{2\pi it} \right)^{d/2} e^{-m|x|^2/2it} \end{aligned}$$

が得られる．この基本解を用いて

$$\psi(t,x) = (E_t * v)(x)$$

と書くことができる．この右辺は，v が L^1-条件を満たせば定義できることに注意しよう．このとき，$\psi(t,x)$ は上のシュレディンガー方程式の超関数の意味での解になっている．普通の微分方程式として解になるためには，たとえば $|\xi|^2 \hat{v}(\xi)$ が可積分関数であれば十分である．

時間変数 t について高階の発展方程式についても，標準的な手法で 1 階の連立方程式に書き直して同様の考察ができる．ここでは，簡単のため未知変数が一つの場合を考えよう．つまり

$$\begin{cases} \dfrac{\partial^m}{\partial t^m} u(t,x) = \displaystyle\sum_{j=0}^{m-1} p_j(\partial_x) \dfrac{\partial^j}{\partial t^j} u(t,x) & (t>0, x \in \mathbb{R}^d), \\ u(0,x) = v_1(x),\ \dfrac{\partial}{\partial t} u(0,x) = v_2(x),\ \ldots,\ \dfrac{\partial^{m-1}}{\partial t^{m-1}} u(0,x) = v_m(x) \end{cases}$$

を考えよう．この場合は

$$u_j(t,x) = \frac{\partial^{j-1}}{\partial t^{j-1}} u(t,x) \qquad (j=1,2,\ldots,m)$$

とおけば，方程式は

$$\begin{cases} \dfrac{\partial}{\partial t} \mathbf{u}(t,x) = P(\partial_x) \mathbf{u}(t,x), \\ \mathbf{u}(0,x) = \mathbf{v}(x) \end{cases}$$

に帰着される．ここで，

$$\mathbf{u}(t,x) = (u_1(t,x), \ldots, u_m(t,x)), \qquad \mathbf{v}(x) = (v_1(x), \ldots, v_m(x)),$$

そして

$$P(\partial_x) = \begin{pmatrix} 0 & 1 & & \text{O} \\ \vdots & \ddots & \ddots & \\ 0 & \cdots & 0 & 1 \\ p_0(\partial_x) & \cdots & p_{m-2}(\partial_x) & p_{m-1}(\partial_x) \end{pmatrix}$$

とおいた．すると，上で述べた手法により解を求めることができる．

例 6.19 (波動方程式). d-次元の波動方程式

$$\begin{cases} \dfrac{\partial^2}{\partial t^2} u(t,x) = \triangle_x u(t,x) & (x \in \mathbb{R}^d, t \in \mathbb{R}), \\ u(0,x) = v_1(x),\ \dfrac{\partial}{\partial t} u(0,x) = v_2(x) & (x \in \mathbb{R}^d) \end{cases}$$

を考えよう．上の方法にならって 1 階の方程式に書き換えると

$$\frac{\partial}{\partial t}\begin{pmatrix}u_1(t,x)\\u_2(t,x)\end{pmatrix}=\begin{pmatrix}0&1\\\triangle_x&0\end{pmatrix}\begin{pmatrix}u_1(t,x)\\u_2(t,x)\end{pmatrix},$$

となる．ここで $u_1(t,x)=u(t,x)$, $u_2(t,x)=\frac{\partial}{\partial t}u(t,x)$ である．これから基本解を計算してみよう．

$$A=\begin{pmatrix}0&1\\-|\xi|^2&0\end{pmatrix}$$

の固有値は $\pm i|\xi|$, 固有ベクトルは $(1,\pm i|\xi|)$ である．これらを用いて A の対角化を行うと

$$A=Q\begin{pmatrix}i|\xi|&\\&-i|\xi|\end{pmatrix}Q^{-1},\quad Q=\begin{pmatrix}1&1\\i|\xi|&-i|\xi|\end{pmatrix}$$

が得られる．したがって

$$\exp(tA)=Q\begin{pmatrix}e^{it|\xi|}&\\&e^{-it|\xi|}\end{pmatrix}Q^{-1}=\begin{pmatrix}\cos t|\xi|&\frac{1}{|\xi|}\sin t|\xi|\\-|\xi|\sin t|\xi|&\cos t|\xi|\end{pmatrix}$$

がしたがう．これより

$$\hat{u}(t,\xi)=\hat{u}_1(t,\xi)=\cos t|\xi|\,\hat{v}_1(\xi)+\frac{\sin t|\xi|}{|\xi|}\hat{v}_2(t,\xi)$$

が得られた．これを具体的に書き下すために，$d=3$ の場合を考えよう[*1)]．例 6.16 のフーリエ変換の計算と同様にして

$$\mathfrak{F}^*\left[\frac{e^{\pm it|\xi|}}{|\xi|}\right]=\sqrt{\frac{2}{\pi}}\lim_{\varepsilon\to 0}\frac{1}{(|x|+t\pm i\varepsilon)(|x|-t\mp i\varepsilon)}$$
$$=\sqrt{\frac{2}{\pi}}\frac{1}{|x|+t}\frac{1}{|x|-t\mp i0}$$

が得られる．したがって

$$\mathfrak{F}^*\left[\frac{\sin t|\xi|}{|\xi|}\right]=\frac{\sqrt{2\pi}}{2t}\,\delta(|x|-t)$$

[*1)] 次元が奇数の場合は，3 次元と似た形になる．偶数次元の場合は，基本解の形はかなり異なる．

である．これを t に関して微分すると

$$\mathfrak{F}^*[\cos t|\xi|] = \frac{\partial}{\partial t}\left(\frac{\sqrt{2\pi}}{2t}\,\delta(|x|-t)\right)$$

が得られる．これらを基本解の公式に代入することにより，有名なキルヒホッフの公式：

$$u(t,x) = \frac{\partial}{\partial t}\left[\frac{1}{4\pi t}\int_{|x-y|=t} v_1(y)dy\right] + \frac{1}{4\pi t}\int_{|x-y|=t} v_2(y)dy$$

が得られる．

参　考　書

　この本を読むのに必要な予備知識は，微積分，線形代数などの大学 1～2 年次で学ぶ基礎的数学である．多くの教科書があるが，例えば
　[1]　杉浦光夫「解析入門 I, II」（東京大学出版会 1980）
　[2]　斎藤正彦「線形代数入門」（東京大学出版会 1966）
などは標準的な教科書である．
　本書と同じくらいのレベルの[*1] フーリエ解析の入門書としては，
　[3]　谷島賢二「物理数学入門」（東京大学出版会 1994）
　[4]　吉田耕作・加藤敏夫「大学演習・応用数学 I」（裳華房 1961）
　[5]　藤田宏，吉田耕作「現代解析入門」（岩波書店 1991）
　[6]　M. J. ライトヒル「フーリエ解析と超関数」（ダイヤモンド社 1975）
　[7]　T. W. ケルナー「フーリエ解析大全（上・下）」（朝倉書店 1996）
があげられる．[3], [4] は，応用数学・物理数学の入門書だが，フーリエ解析とその微分方程式への応用にかなりの部分が割かれている．[7] は，歴史的なことが多く盛り込まれた個性的な入門書で，フーリエ解析の歴史に興味のある読者は，一度は見てみるとよいと思う．
　もう少し数学的に高度な理論を学ぶためには，ルベーグ積分の理論が欠かせない．ルベーグ積分の入門とフーリエ解析の初歩を含んだ教科書として
　[8]　伊藤清三「ルベーグ積分入門」（裳華房 1963）
　[9]　猪狩惺「実解析入門」（岩波書店 1996）
がある．特に [9] は，フーリエ解析のある意味での精密化であるウェーブレット (wavelet) についても簡単な説明がある．専門的なフーリエ解析の教科書と

　[*1]　つまり，ルベーグ積分を用いないレベルの

しては

[10] Stein, E. M., Weiss, G.: Introduction to Fourier Analysis on Euclidean Spaces (Princeton Univ. Press 1971)

[11] Stein, E. M.: Harmonic Analysis, Real Variable Methods, Orthogonality, and Oscillatory Integrals (Princeton Univ. Press 1994)

などがあげられる．

　フーリエ解析の重要な応用分野としては，偏微分方程式の理論があり，本書でもさわりの部分について解説した．線形偏微分方程式を中心とした偏微分方程式の理論の入門書としては

[12] 溝畑茂「偏微分方程式論」（岩波書店 1965）

[13] 熊ノ郷準「偏微分方程式」（共立出版 1978）

[14] 井川満「偏微分方程式論入門」（裳華房 1996）

が薦められる．[12], [13] にはフーリエ変換や超関数についても，かなり詳しい解説が含まれている．関連する参考書として

[15] Hörmander, L.: The Analysis of Partial Differential Operators, I–IV. (Springer-Verlag 1983–1985)

[16] Reed, M., Simon, B.: Methods of Modern Mathematical Physics, I–IV. (Acadmic Press 1972–1980)

がある．[15] は線形偏微分方程式論に関する網羅的な専門書である．[16] は数理物理の教科書であるが，フーリエ解析や関数解析的手法について詳しい．

　本書で取り上げた，もう一つの応用分野であるディジタル信号処理については

[17] Oppenheim, A. V., Schafer, R. W., Buck, J. R.: Discrete-Time Signal Processing (2nd Ed. Prentice-Hall 1999)

が標準的な教科書である．また

[18] R. W. Hamming「ディジタル・フィルタ」(科学技術出版社 1980)

はフーリエ解析の応用としての信号処理の，大変興味深い入門書である．

　上にふれたように，フーリエ解析の一つの精密化としてウェーブレットの理論があり，特に信号処理への応用が目覚ましい．これについては

[19] Daubechies, I.: Ten Lectures on Wavelets (SIAM 1992)

[20] Mallat, S.: A Wavelet Tour of Signal Processing (2nd Ed. Academic

Press 1999)

がよい教科書である.

　他の方向へのフーリエ解析の精密化として，超局所解析 (microlocal analysis) があり，偏微分方程式の理論における強力な道具になっている．これについては, [12], [13], [14] とともに

[21]　熊ノ郷準「擬微分作用素」（岩波書店 1974）

[22]　Taylor, M.: Pseudodifferential Operators (Princeton Univ. Press 1981)

[23]　Martinez, A.: An Introduction to Semiclassical and Microlocal Analysis (Springer-Verlag 2002)

をあげておこう.

索　引

ア　行

IIR フィルター　72

因果的　72
インパルス・レスポンス　71

エネルギー不等式　45
FIR フィルター　72
$L^1(\mathbb{R})$　77
$L^1(\mathbb{R}^d)$　115
$\ell^1(\mathbb{Z})$　57
$L^2(\mathbb{R})$　88
エルミート関数　151

重み関数　32

カ　行

ガウス関数　81
可積分　77, 115
完全正規直交系　22
緩増加　156
緩増加超関数　154
　――の演算　156

ギブス現象　30
基本解　172
逆フーリエ変換　77
逆有限フーリエ変換　14
急減少関数　150
急減少関数列の収束　153
境界条件　40

局所可積分　100, 135
局所可積分関数　135

グリーン関数　48
クロネッカーのデルタ記号　3

コーシーの主値　136

サ　行

差分方程式　66
差分ラプラシアン　68
作用素　68
三角関数の直交関係　3
三角多項式　7
三角波　9
三角不等式　20
3次元のラプラス方程式　174
サンプリング　111
サンプリング定理　113, 170

試験関数　133
時不変　71
周期的なデルタ関数の列　170
自由なシュレディンガー方程式　178
周波数特性　72
シュレディンガー方程式　130
　自由な――　178
シュワルツの不等式　20
初期条件　40
シンボル　173

スペクトル　72

スペクトル振幅　72

正規直交基底　22
正規直交系　21
正弦フーリエ展開　5
正準量子化　130
線形汎関数　134
線形フィルター　71

総和法　32

タ　行

多重指数　114
たたみこみ　58, 59, 96

超関数　134
直交する　21

ディジタル信号処理　70
ディリクレ核　62
ディリクレ問題　48
デルタ関数　135
　——の微分　163

ナ　行

内積　19

熱方程式　40, 177

ノルム　20

ハ　行

パーセバルの等式　17, 22
発展方程式　176
波動関数　128
波動方程式　179
ハミルトニアン　130
反転公式　78, 87, 120
ハン窓　33

フィルター　70
フェイェル核　62

フェイェル和　33, 62
複素フーリエ級数展開　6
プランシェレルの定理　89, 120
フーリエ関数系　21
フーリエ級数展開　3
フーリエ係数　3
フーリエ部分和　61
フーリエ変換　77

平均収束　23
ペイリー・ウィーナーの定理　38
ベッセルの不等式　23

ポアッソン核　52
ポアッソンの和公式　108
方形波　29

マ　行

窓　33
窓関数　33
マルグランジュ・エーレンプライスの定
　理　173

ヤ　行

有限フーリエ級数展開　14
有限フーリエ変換　14
ユニタリー　130

余弦フーリエ展開　5

ラ　行

ラプラス方程式　49
　3 次元の——　174

離散時間信号　70
離散時間信号処理　70
離散フーリエ変換　66
理想ローパス・フィルター　72
リプシッツ連続　12
リーマン・ルベーグの定理　94, 124
量子化　128
両立条件　41

著者略歴

中村　周（なかむら・しゅう）

1960年　埼玉県に生まれる
1985年　東京大学大学院理学系研究科博士課程中退
現　在　東京大学大学院数理科学研究科教授
　　　　理学博士

応用数学基礎講座 4
フーリエ解析　　　　　　　　　定価はカバーに表示

2003年 4月10日　初版第1刷
2022年11月25日　　第16刷

　　　　　　　　　著　者　中　村　　　周
　　　　　　　　　発行者　朝　倉　誠　造
　　　　　　　　　発行所　株式会社　朝　倉　書　店
　　　　　　　　　　東京都新宿区新小川町6-29
　　　　　　　　　　郵便番号　162-8707
　　　　　　　　　　電　話　03(3260)0141
　　　　　　　　　　FAX　03(3260)0180
〈検印省略〉　　　　　https://www.asakura.co.jp

　　©2003〈無断複写・転載を禁ず〉　　東京書籍印刷・渡辺製本
　　ISBN 978-4-254-11574-1　C 3341　　Printed in Japan

　JCOPY ＜出版者著作権管理機構　委託出版物＞
本書の無断複写は著作権法上での例外を除き禁じられています．複写される場合は，
そのつど事前に，出版者著作権管理機構（電話 03-5244-5088，FAX 03-5244-5089，
e-mail: info@jcopy.or.jp）の許諾を得てください．

好評の事典・辞典・ハンドブック

数学オリンピック事典	野口 廣 監修	B5判 864頁
コンピュータ代数ハンドブック	山本 慎ほか 訳	A5判 1040頁
和算の事典	山司勝則ほか 編	A5判 544頁
朝倉 数学ハンドブック［基礎編］	飯高 茂ほか 編	A5判 816頁
数学定数事典	一松 信 監訳	A5判 608頁
素数全書	和田秀男 監訳	A5判 640頁
数論＜未解決問題＞の事典	金光 滋 訳	A5判 448頁
数理統計学ハンドブック	豊田秀樹 監訳	A5判 784頁
統計データ科学事典	杉山高一ほか 編	B5判 788頁
統計分布ハンドブック（増補版）	蓑谷千凰彦 著	A5判 864頁
複雑系の事典	複雑系の事典編集委員会 編	A5判 448頁
医学統計学ハンドブック	宮原英夫ほか 編	A5判 720頁
応用数理計画ハンドブック	久保幹雄ほか 編	A5判 1376頁
医学統計学の事典	丹後俊郎ほか 編	A5判 472頁
現代物理数学ハンドブック	新井朝雄 著	A5判 736頁
図説ウェーブレット変換ハンドブック	新 誠一ほか 監訳	A5判 408頁
生産管理の事典	圓川隆夫ほか 編	B5判 752頁
サプライ・チェイン最適化ハンドブック	久保幹雄 著	B5判 520頁
計量経済学ハンドブック	蓑谷千凰彦ほか 編	A5判 1048頁
金融工学事典	木島正明ほか 編	A5判 1028頁
応用計量経済学ハンドブック	蓑谷千凰彦ほか 編	A5判 672頁

価格・概要等は小社ホームページをご覧ください．